과학하는 마음

과학하는 마음 —

임지한 인터뷰집

서문

장래희망이 무엇인가요?

몇 살까지 이 질문을 받았는지 정확히 기억나지는 않는다. 언제부턴가 어른들은 장래 희망이 아닌 꿈을 물었다. 네 꿈은 뭐니. 아마도 중학교를 졸업할 때였던 것 같다. 입시를 앞둔 아이에게 조금이라도 부드러운 단어로 묻고 싶어서였을까. 아무래도 '장래'보다는 '꿈'이 조금 덜 거창하고 자유로운 느낌이다. 희망 역시 그렇다. 잘못 품으면 절망일 수 있지만 꿈은 잠에서 깨면 그만일 뿐이니. 어쨌거나, 장래 희망이든 꿈이든 그건 중요하지 않다. 중요한 것은 대답이다. 과학자. 아무리 세월이 흘러도 잊히지 않는 대답. 처음부터 오직 하나의 답만 말하고 적었으니까. 그 시절 나는 과학자가 되고 싶었다.

교육부와 한국직업능력연구소에서 2024년 조사한 초등학생 희망 직업 순위 결과는 다음과 같다. 1위가 운동선수였고 의사와 교사, 크리에이터가 그 뒤를 이었다. 중학생을 대상으로 한 조사의 결과도 비슷하다. 교사, 의사, 운동선수 순이다. 10년, 20년 전에도 아이들은 의사, 변호사, 교사를 선망했다. 아니, 내 주변에는 과학자가 되고 싶어 하는 학생이 많았는데! 하는 생각이 드는 사람이라면 아마 불혹의 나이를 지난 분일 것이다. 1980~90년대에는 학생들 사이에서 과학자가 대통령과 함께 희망 직업 1, 2위를 다퉜으니까! 소위 '사이언스 키드'의 전성시대였다.

1997년, 한국과학기술원 전자게시판에 올라온 글이 화제가 된 적이 있다. 당시 이공계 대학생이 느끼는 고단한 일상과 불확실한 미래를 묘사하여 세간의 주목을 끌었던 글. 그 글의 필자는 '사이언스 키드'를 다음과 같이 묘사한다. "아이가 소년으로 자랐을 때, 소년의 사춘기는 온통 과학기술의 환상으로 도배되고 있었다. 소년의 위인전 목록에는 이순신 장군, 세종대왕과 함께 아인슈타인과 퀴리 부인이 올랐다. 인류를 구원하는 과학자의 삶이란 얼마나 숭고하고 정열적인가. 할리우드 키드에게 영화가 '꿈의 궁전'이었듯이, 소년에게 과학은 '요술 지팡이'였다. 소년은 사이언스 키드였다."

그 시절 철없는 중학생이던 나는 친구들과 어울릴 궁리만 했지 세상사에는 전혀 관심이 없었다. 그러나 97년은 분위기가 조금 달랐다. 가뜩이나 재미없던 뉴스는 더 심각해졌고 아버지는 늦게 퇴근하는 날이 많았다. 영어 선생님은 IMF의 M이 'money'가 아닌 'monetary'라고 설명했다. 응원하던 야구 팀이 해체됐고 친구들이 갑작스럽게 전학을 갔다. 신문에 '이공계 위기론'이라는 말도 등장하기 시작했다. 입시생과 학부모들이 물리학과보다 의대나 한의대에 진학하는 것을 선호해서 대학 이공계 학과의 입시 경쟁률이 크게 낮아졌다는 기사들이었다.

과학자를 꿈꾸던 나로서는 나쁠 것 없는 일이었다. 과학자 되기가 수월해지겠다는 순진한 생각에, 세기말을 향한 두려움과 조국이 처한 위기에서 구원자 역할을 할 존재는 바로 과학자이리라는 믿음이 더해졌다. 여전히 학교에서는 수학과 과학 우수 학생들을 선별하기 위해 경진대회며 경시대회를 개최했고 과학고는 도내에서 가장 성적이 높은 학생들만 갈 수 있는 곳이었다. 과학자가 아무나 될 수 있는 건 아니지만 절대 이루지 못할 정도는 아니라는 뒤섞인 욕망과 희망으로 나는 꿈을 키워갔다.

그러나 결국 직업란에 '과학자'라고 적는 날은 오지 않았다. 고등학교에서 이과를 선택하고 공과대학으로 진학했지만, 지금도 여전히 과학의 주변을 맴돌 뿐 스스로를 과학자라 부르지 않는다. 나 역시 '나도 한때는'을 읊조리며 그저 매달 나오는 월급에 감사하면서 하루하루 살아가는 직장인이 된 셈이다.

과학자가 되지 못한(혹은 되지 않은) 이유를 들자면 뭐라도 꼽을 수 있을 테지만 과거를 돌아보다 보니 문득 한 가지 의문이 든다. 당시 내가 꿈꾸던 과학자는 누구였을까? "과학자"라고 발화하거나 문자로 쓰는 순간 어떤 모습을 떠올렸을까? 교내 과학실 선반에 고이 모셔져 있던 스포이드와 비커를 마음껏 꺼내 들고 실험을 하는 사람이었을까, 아니면 커다란 칠판을 수식으로 가득 채우면서 멋지게 난제를 풀어내는 사람이었을까. 아무리 기억을 헤집어도 답을 찾아내지 못하는 것은 결코 못난 기억력 탓이 아니리라. 나는 실제로 과학자라는 사람을 만나본 적이 없었다. 머릿속에 그렸던 과학자는 책에 묘사된 모습이나 영상 매체에 표현된 인물이 섞인 아무개였을 것이다.

과학자가 되지 못해 아쉬운 점을 하나 꼽자면, 내가 그토록 되고 싶었던 과학자는 대체 어떤 사람들인지, 어떤 삶을 살고 있는지, 어떻게 과학자가 되었는지, 어떤 마음으로 일을 하는지 결코 알 수 없다는 점이다. 설령 미리 알았다 한들 나의 오늘이 달라졌을지는 모를 일이지만.

어릴 적 접한 매체 속 과학자는 위인이거나 미치광이, 둘 중 하나였다. 위인전은 우리가 사는 세상을 편리하게 만들어온 소수의 천재들을 다루었고, 영화는 첨단 기계와 기술을 이용해 세계를 파괴하려는 악당들을 묘사하고 있었다. 매체에 등장하는 과학자의 이미지를 조사한 연구들을 살펴보면 수많은 영화에서 과학과 과학자가 부정적으로 그려진다는 것을 알 수 있다. 독일의 사회학자 바인가르트(Peter Weingart)는 개봉 영화 222편을 분석한 결과, 영화에 나오는 첨단 과학기술은 대다수가 디스토피아적인 세계로 결론을 이끌었다는 사실을 밝혀냈다. 과학기술학자 김명진 역시 대다수 영화에서 과학은 암울한 미래 사회를 야기하고 과학자들은 연구에만 미친 사람으로 그려진다고 말한다.

그럼에도 영화는 미친 과학자들의 성장 과정을 보여주지 않았고 위인전은 천재들의 엉뚱했던 어린 시절을 그려주었기에 아이들은 과학자를 꿈꿀 수 있었을 테다. 수학 낙제생이었다는 아인슈타인이나 달걀을 품었다는 에디슨의 일화는 얼마나 친근한가. 우리는 모두 수학을 어려워했고 한 번쯤은 문구점 앞에서 병아리를 사다 키워보았으니까. 이 정도면 그들처럼 위인으로 기록되지는 못할지라도 어쨌든 비슷하게 자랄 수 있으리라는 희망을 품기에는 충분했을 것이다.

과학자들은 정말 영웅 아니면 악당의 마음을 갖고 있을까? 연구에 몰두하고 문명의 진보를 고민하며, 세속적인 권력이나 물질적 보상이 아닌 순수한 진리만을 추구할까? 또는, 세상을 뒤흔들 수 있는 위험한 욕망이나 두려움을 느낄까? 찰나의 영감이 주는 희열과 환희를 찾을까? 그러하다면 원래 그런 사람인 걸까, 아니면 그런 능력이 어느 순간 장착되는 걸까. 내게 없는 특별한 무엇이 있는지 늘 궁금했다.

물론 지금 내 주변에는 과학자라 부를 만한 사람들이 있다. 그들이 매체에서 묘사되는 과학자와는 다른 평범한 사람들이라는 것도 이제는 안다. 그러나 그들이 어떤 마음으로 과학을 하고 있는지는 알 길이 없었다. 책이나 영화에서와는 달리 과학자와 과학, 연구는 그 범위가 무척 폭넓고 다양하기에, 짐작하기가 쉽지 않기 때문이다. 사람은 자신의 마음이라는 렌즈로 세상을 보고 있지만* 과학 논문에는 과학자의 마음이 드러나지 않는다. 그들은 연구 목적과 방법, 결과만 내놓을 뿐이다. 과학자는 어떤 마음으로 연구를 하고 있을까. 과학을 어떻게 시작했을까. 어떤 세상을 꿈꾸고 있을까. 과학이 우리를 구원한다면**, 우리는 과학자의 마음에 관심을 가져야 한다는 생각이 들었다.

이 책 『과학하는 마음』을 쓰기로 했을 때 나는 기획 의도를 다음과 같이 적었다. "과학은 누가, 어떤 마음으로 하고 있는지를 이야기하려고 합니다. 많은 직업 가운데 과학자라는 직업과 연구 분야를 선택하게 된 과정 그리고 현재 하고 있는 일을 대하는 마음을 들여다보려고 합니다. 과학 지식이나 정보가 아닌 사람에 대한 이야기를 쓰려는 것이 이 책의 출간 의도입니다." 왜 과학자에 대해 알아야 할까? 천진한 호기심에서 싹튼 질문이지만 과학자에게 관심 가질 이유는, 각종 매체가 만들어놓은 과학·과학자에 대한 단편적인 이미지의 문제를 차치하고서라도, 충분히 많다.

과학은 종종 객관적이고 합리적이며 절대적인 진리를 좇는 학문으로 보이지만 알고 보면 객관성과 합리성, 절대성은 꽤 복잡하고 논쟁적인 개념이다. 과학자에 대한 이해는 과학의 이해와 맞닿아 있고, 이는 나아가 우리의 삶과 환경을 보는 통찰력을 제공할 것이다. 과학자에 대한 이해가 과학에 대한 신뢰로 이어진다면 이는 사회적으로도 의미 있는 일이

---
*서라미, 『번역하는 마음』, 제철소, 2021.
** 마틴 리스, 『과학이 우리를 구원한다면』, 김아림 옮김, 서해문집, 2023.

다. 후쿠시마 오염수 문제 등 오늘날 과학기술을 둘러싼 논쟁이 벌어지는 데에는 과학기술을 대하는 불안과 더불어 과학자를 포함한 전문가를 향한 불신도 한몫한다. 신뢰는 공감과 이해에서 시작되는 법이다. 그리고 무엇보다, 우리에게는 새로운 '사이언스 키드'가 필요하다. 위인이나 악당이 아닌 과학자가 되고 싶은 '아무개'가 많아졌으면 한다.

책에 대한 마음이 서자 남은 일은 과학자를 찾는 것이었다. 출판사에서 건네받은 인터뷰이 선정 기준은 느슨했다. '관리자가 아닌 직접 연구를 하고 있는 사람이면 좋겠다. 성비가 비슷했으면 한다. 가급적 다양한 분야를 다루었으면 한다' 정도. 납득할 수 있는 제안이었고 국내 여러 연구소의 존재를 알고 있었기에 작업은 어렵지 않으리라 예상했다. 그런데, 첫 번째 후보 인터뷰이가 던진 질문에 곧바로 고민에 빠지고 말았다. "저를 과학자라고 부를 수 있어요? 공학자 아닐까요?"

과학과 공학, 과학하는 마음과 공학하는 마음을 어떻게 다뤄야 할지 이야기하는 게 우선이었다.

과학이란 무엇인가

오늘날 과학이 특별한 지위를 차지하고 있다는 사실은 부인하기 어렵다. 인류는 종교의 시대와 논리의 시대를 지나 과학의 시대에 살고 있다. 과학은 지식의 척도로서 세계에 대한 빈틈없는 이해와 함께 자연 일부를 통제하고 조작할 수 있는 능력을 제공한다고 가정되었다. 과학의 작동 방식은 객관적이고 합리적이라는 기대도 받고 있다. 일상에서 접하는 캠페인이나 슬로건에 과학이라는 말을 활용하거나 학과명, 학문명에 과학을 결합하는 것 모두 과학이 지닌 어떤 이미지나 특징의 존재를 보여준다.

과학철학자들은 무엇이 과학을 특별하게 만드는지, 과학의 특유한 점이 정확히 무엇인지 지적하려고 시도했다. 가장 대표적인 견해로 칼 포퍼(Karl Popper)의 반증 가능성 개념을 꼽을 수 있다. 반증 가능성은 가설이나 이론이 실험, 경험, 혹은 관찰을 통해 언제든지 틀릴 수 있는 가능성을 의미하는데, 포퍼는 이를 과학이 갖는 특징이나 힘으로 만들고자 했다. 그는 이론의 일반화를 위해 수집한 긍정적 증거가 아무리 많더라도 반증 가능한 검증에 열려 있지 않다면 그 이론은 엉터리에 불과하다고 주장했다. 따라서 그가 보기에 반증을 피하기 위한 여러 알리바이를 내세우는 프로이트주의 정신분석 이론이나 맑스주의 등은 과학일 수 없다. 포퍼에 따르면 과학은 지속적인 관찰과 실험을 통해 가설을 검증하고 수정함으로써 진보하며, 이는 일종의 방법론적 지침에 해당하므로 과학자는 이론의 반증을 위해 대담한 추측을 제기하는 사람이어야 한다.

과학의 특징을 그것이 다루는 '대상'에서 찾으려는 시도도 있다. 그들은 과학이 자연 세계의 구성 요소나 메커니즘의 일부를 밝혀내는 학문이라고 주장한다. 포퍼와 일부 철학자들이 과학의 구획 기준을 '어떻게'라는 질문에 답하는 방식으로 접근했다면, 실재론이라 불리는 이들의 입장은 과학의 우월성을 세계의 존재 양식을 알아내는 데 초점을 맞춘다. 이와 관련하여 철학자 로이 바스카(Roy Bhaskar)는 과학의 발생이 필연적이지는 않지만 발생했다면 필연적으로 세계는 특정 방식으로 존재하며, 세계가 포함한 특정 구조들과 그것이 분화되는 방식은 과학이 실질적으로 탐구할 문제라고 언급했다. 즉, 과학은 세계의 인과 구조를 알려주기 때문에 특별하다는 것. 우리와 무관한 독립적인 자연 세계가 존재한다는 실재론적 가정을 전제하지 않은 과학자를 상상할 수 있을까? 대부분의 과학 활동을 생각해보면 상당한 호소력이 있는 견해다.

방법이나 대상으로 과학을 구획 짓는 일은 직관적이지만 어떤 의미로는 그 기준이 너무 엄격해서 실제 과학 활동을 설명하는 데 어려움을 겪곤 한다. 어쩌면 과학의 특별함은 과학자 공동체가 갖는 특징에서 찾을 수 있을지 모른다. 과학사회학자 로버트 머튼(Robert Merton)은 과학자 공동체에서 수용되는 규범들이 있다고 주장했다. 예를 들면 보편주의, 공유주의, 불편부당성, 조직된 회의주의와 같은 것들이다. 즉 과학자들은 과학 학술지에 투고된 논문들을 저자의 젠더나 인종, 국적에 무관하게 평가해야 하며(보편주의), 지식을 공동의 유산으로 과학자 공동체 내에서 공유해야 한다고 믿는다(공유주의). 또한 과학을 수단 삼아 기득권이나 이득을 추구하지 않아야 하며(불편부당성), 경솔하게 증거나 이론을 믿지 않아야 한다(조직된 회의주의). 머튼에 따르면 이러한 규범들은 방법론적인 정당화를 갖추고 있으면서 과학자들 사이에서 일종의 구속력으로 작동한다. 과학자들이 과학자 공동체 내에서 이와 같은 규범을 준수하면서 지속적으로 보상을 받고 지식을 생산하는, 이러한 구조는 과학의 발전을 가속하고 곧 특성이 된다.

이 외에도 과학의 특징을 둘러싼 다양한 논의가 있다. 토머스 쿤(Thomas Kuhn)은 과학자들이 경쟁하는 과학 이론들 사이에서 선택을 내릴 때 정확성, 일관성, 넓은 적용 범위, 단순성, 다산성과 같은 가치를 추구한다고 주장했고, 뉴턴 스미스(Newton-Smith)는 더 나아가 과학 이론을 훌륭하게 만드는 특징을 제시하며 이러한 요소들에 의해 과학의 합리성과 과학 지식의 권위가 유지된다고 보았다.

이론적으로 과학의 경계를 그어놓았다고 가정해보자. 그런데 이 기준이 과학과 공학을 나누는 데에도 유효할까? 쉽지 않을 것이다. 두 영역이 다루는 대상이나 사용하는 방법론, 선호하는 이론의 특징은 유사한 점이 많기 때문이다. 과학과 공학을 나누는 방법으로 떠올릴 수 있는 것은 거의 유일하게, 학제에서 찾는 수밖에 없다. 예컨대 단과대학과 학과들을 살펴보면 과학과 공학이 꽤나 명확하게 나뉘어 있다. 자연대에는 물리천문학과와 화학과가 있다면 공대엔 항공우주학과와 화학공학과가 있다. 교육 목표와 연구 방식에서도 차이가 있기 때문에 학부와 석사, 박사 과정에서 서로 다른 단과대를 넘나드는 것이 흔한 일은 아니다. 겉으로 보기에 과학 교육이 자연 세계를 이해하고 설명하는 데 중점을 두는 것은, 별이 밤하늘에서 어떻게 빛나는지를 관찰하는 것과 같다. 다시 말해 이는 이론과 원리의 순수한 아름다움을 추구하는 것이라 할 수 있다. 반면, 공학 교육은 이러한 이론적 지식을 바탕으로 실용적인 문제 해결에 적용하는 것이다. 이는 마치 밤하늘의 별들을 보고 우주선을 설계하는 것과 같은 실천적 접근이다.

그러나 학교를 벗어난 과학자들과 공학자들의 활동을 살펴보면 이런 차이는 사소해진다. 다양한 현대 과학기술 연구에서는 더욱 그러하다. 과학은 자연을, 공학은 인공물을 다루고, 과학은 이론을, 공학은 실험을 중시한다는 구분은 사실 과거의 것이다. 과학에서 다루는 자연은 인간이 만든 실험실 속 과학인 경우가 많고 공학이 만드는 인공물은 자연의 일부이자 연장일 수 있다. 자연을 향한 호기심이 과학자에게만 있는 것은 아니며, 효용성의 추구도 공학자만의 몫은 아니다. 이 두 영역의 관계를 규명하는 일은 결코 쉽지 않고 직업인으로서 과학자와 공학자의 경계 역시 모호하다.

대체 '과학하는 마음'은 누구의 마음일까? 오직 순수 물리학이나 화학, 천문학 등을 탐구하는 사람들의 마음으로 국한한다면 오늘날 과학의 극히 일부만 들여다보는 셈이다. 내가 '과학자'라고 발화하는 순간 아인슈타인과 뉴턴만이 아니라 에디슨과 테슬라, 토니 스타크와 프랑켄슈타인 박사가 함께 떠오르듯, 학과 구분이 무색하게도 현실적으로 과학자의 이미지에는 공학자가 어느 정도 뒤섞여 있다. 오늘날 과학과 공학의 복잡한 관계를 포괄하는 개념이 필요하다.

실천으로서의 과학

미국의 이론물리학자 리처드 파인만은 생전 인터뷰에서 다음과 같이 말했다.

"저도 늘 놀아요. 왜 그러는지 설명하긴 좀 어렵지요. 어렸을 때 실험실이 있었어요. 지금은 이론을 연구하지만, 원래는 실험을 하며 놀았죠. 딱히 맞는 표현은 아닌데, 빈둥빈둥 놀았다고 보면 됩니다. 과학적 의미에서 실험을 한 게 아니라 그냥 뭔가를 알아내는 거였죠. 라디오도 만들고 광전지도 만들어보고, 낡은 포드 차에서 점화 플러그를 꺼내 종이에 구멍도 내보고 진공관에 스파크를 일으키면 어떻게 되나 알아보기도 했어요. 하지만 매일 하는 일을 공책에 적어두거나 정밀한 측정을 하지는 않았어요. 말하자면 '과학자' 쪽이 아니라, 그냥 놀았던 겁니다. 장난감을 이것저것 갖고 노는 아이처럼 말이죠."*

그의 말에서 나는 '과학하는 마음'의 원형을 보았다. "늘 놀아요"라는 표현을 보자. 과학적 호기심과 탐구 정신이 엿보인다. 실험실에서의 놀이는 새로운 것을 발견하고자 하는 열정을 반영한다. 즉 과학적 탐구가 엄격한 절차와 방법론에 국한되지 않으며 창의적이고 자유로운 사고에서도 비롯할 수 있음을 보여준다. 과학자로서 그는 현재 이론을 연구하지만 실험과 탐색의 즐거움 역시 과학의 한 부분임을 명백하게 밝힌다. 놀이와 같은 라디오 만들기, 광전지 만들기, 진공관 실험 등은 모두 실험적 탐색을 통한 학습과 이해의 과정이자 과학을 하며 느끼는 즐거움인 셈이다. 정밀한 측정이나 기록보다 일상적인 호기심과 탐구를 통한 학습을 강조하는 것은, 과학에서 비형식적 학습의 중요성을 드러낸다. 과학적 사고와 탐구가 반드시 전통적인 학문 환경에서만 이루어지지는 않기 때문이다.

어떠한 기준으로도 과학자임이 분명할 파인만의 발언은 과학이라는 활동의 본질이 이론적 사고에 있지 않음을 깨닫게 한다. 과학의 구획을 논의하는 과거 연구들은 은연중에 과학의 본질을 이론이라고 전제했고 실험은 이론을 검증하거나 반증하는 부차적인 활동 정도로 취급했다. 이러한 논의에서 공학은 말 그대로 '응용과학' 정도로 간주되고 자연스럽게

---

* 크리스토퍼 사이크스, 『리처드 파인만』, 노태복 옮김, 반니, 2017.

과학의 위상보다는 낮은 위치에 놓이고 만다. 맞는 말이었을 수도 있다. 갈릴레오가 망원경으로 목성을 보던 시절, 뉴턴이 사과나무 아래 앉아 있던 시절에는 어쩌면.

현대 기술, 즉 공학이 과학의 응용이라는 생각은 더는 유효하지 않아 보인다. 기술사학자들이 1960년대 말부터 기술이 응용과학이라는 명제를 비판하기 시작한 이래로 기술의 독자성에 대한 주장이 확대되어, 1980년대에 이르자 대부분의 과학자들이 수행하는 일이 과학철학자나 과학사학자들에 의해 형성된 이미지와 다르다는 것이 드러났다.[*] 과학자들은 이론만을 중심으로 활동하지 않았다. 그들은 관찰하고 실험하고 기기를 제작하고 개선했다. 실험은 이론의 참·거짓을 확인하려고 하는 것이 아니었고, 관찰과 측정을 통해 자료를 얻어내는 과정이 기계적이지도 않았다. 실험은 이론에 의존적이지 않은, 그 자체로 과학자에게 의미 있는 행위임이 밝혀졌다. 파인만의 말처럼 실험을 통해 '무엇인가를 알아내는' 과정 자체가 과학적 발견과 이해에서 중요한 요소였던 것이다.

과학에서 '실험'과 '실험실'에 대한 주목은 책상머리 과학자에 갇혀 있던 과학의 이미지를 실험실 과학자로 확장시켰다. 이와 같은 변화는 단순히 '실험하는 사람도 과학자라고 볼 수 있지' 정도에 그치지 않는다. 실험실에 존재하는 것은 과학자만이 아니기 때문이다. 많은 경우에 실험은 여러 행위자들의 협동을 요구한다. 실험은 그것을 설계한 사람과 기

---

[*] 홍성욱, 『생산력과 문화로서의 과학 기술』, 문학과지성사, 1999.

기를 제작하는 사람, 조작하는 사람, 결과를 분석하는 사람 등 다양한 행위자들로 구성되며 이들은 모두 어떤 의미에서든 과학을 실행하고 있다. 이러한 과정 속에서 발견이 이루어지고 지식은 생산된다. 과학자는 이 가운데 특정 역할을 하는 한 사람인 것이다.

홍성욱은 '실천으로서의 과학'이라는 개념을 통해 과학에 대한 새로운 이해를 제시한다.[*] 이는 꽤 놀라운 개념이다. 기존 과학이 자연에 숨겨진 진리를 추구하는 소수의 활동이었다면, 이제는 실험실에서 특정한 물리적 조건을 만들어 그 속에서 자연의 여러 속성을 드러나게 하는 인간의 활동이 된 셈이다. 과학 활동에 관심을 기울이자 복잡한 현대 과학 혹은 현대 기술의 특징과 둘 사이의 관계에 대한 실제적이면서도 심도 깊은 이해가 가능해졌다. 실험실에서 만들어진 지식들이 어떻게 산업화되고 그 시대를 변화시켰는지 볼 수 있었고, 또 역으로 반도체나 레이저와 같은 기기의 발명이 어떤 방식으로 특정 과학 분야와 지식의 확장을 불러일으켰는지 드러났다.

앤드루 피커링(Andrew Pickering)도 『실천과 문화로서의 과학(Science as Practice and Culture)』에서 과학 활동이 단순히 객관적인 지식의 추구가 아닌, 다양한 인간의 실천, 신념, 사회적 상호작용을 포함한다고 주장한다. 이러한 관점은 과학을 추상적인 이론과 사실의 집합으로 바라보는 것에서 벗

---

[*] 같은 책.

어나, 특정 문화적 맥락에서 이루어지는 일련의 실천으로 이해하는 것이다. 그의 논의에서도 실험실에서의 작업은 과학 실천의 중요한 예로 여겨진다. 이 작업은 이론 지식을 적용하는 것 이상의 의미를 갖는다. 과학자들이 실험실에서 데이터를 해석하고 어떤 결정을 내리는지는 그들이 받은 훈련, 그들의 배경, 그리고 속한 연구 커뮤니티의 특정 문화에 의해 영향을 받기 때문이다. 현장 연구를 진행하는 과학자들의 활동 역시 단순히 데이터를 수집하는 것을 넘어서 연구 대상인 환경이나 커뮤니티와의 상호작용을 포함하므로 과학자의 문화적 이해와 접근 방식에 영향을 받는다.

레이저를 발명하여 1964년 노벨물리학상을 받은 찰스 타운스(Charles Townes)가 언급했던 만화 장면이 있다. 비버와 토끼가 후버댐을 올려다보는 그림이다. 비버가 말한다. "내가 직접 만든 건 아냐. 하지만 내 아이디어에서 나왔지." 그렇다. 내가 후버댐 건설과 관련된 과학하는 마음을 찾고 싶다고 해서 비버만 찾아가서는 안 될 일이다. 과학적 착상이나 발견을 실용화하는 과정에 있는 고민과 행위도 과학일 터이다. 이런 입장에서 나는 '과학'이라는 용어를 '실천으로서의 과학' 개념에 기대어 쓰기로 했다. 이로써 과학과 과학자에 관한 구획 문제라는 풀기 어려운 과제를 잠시 덮어두고도 '과학하는 마음'을 물을 수 있게 됐다.

다시, 과학자

이 책에 등장하는 인터뷰이 열 명은 모두 이러한 관점에서 과학자들이다. 그들은 각자에게 주어진 실험실에서 특정 목적을 향해 노력한다. 다양한 기기와 대상을 관찰하고 때로는 조작하며, 그 결과를 기록하여 동료 과학자들과 공유한다. 성공했을 때나 실패했을 때 다양한 방법으로 기기나 행위의 효율을 높이려고 시도하기도 한다. 이 과정은 암묵적 지식과 경험의 축적에 따른 숙련, 직관을 필요로 한다. 그렇게 실험실의 수없이 많은 반복과 조정 속에서 조금씩 새로운 지식의 결이 드러난다.

나는 그들에게 과학자로서 살아가는 오늘을 물었다. 하루를 구성하는 일과, 몰입과 집중이 찾아드는 순간. 또한 반복되는 실패나 예기치 않은 변수에 대응하는 태도, 함께 일하는 동료들과 기술, 장비, 논문이 만들어지는 과정의 조직 구조에 대해 귀 기울였다. 다음으로는 그들의 시간을 거슬러 올라가 어린 시절의 풍경, 처음 마음이 동했던 순간, 마음속 첫 질문이 태어난 때, 그리고 그것을 진지하게 바라보기 시작한 계기들, 그 시절 곁에 있었던 사람들은 어떤 빛이나 그림자를 남겼는지도 물었다. 나아가 아직 오지 않은 미래와 각자의 연구가 만들어갈 세계에 대해 물었다. 앞으로 어떤 연구를 해보고 싶은지, 과학자로서 어떤 삶을 꿈꾸는지. 그렇게 나는 과학자들의 마음을 탐구하려 했다.

이야기를 듣는 모든 순간은 흥미와 감탄으로 가득했지만 글을 쓰는 작업은 그렇지 않았다. 어느 순간엔 작업 자체의 가치를 의심하기도 했다. 예를 들면 브라이언 키팅의 『물리학자는 두뇌를 믿지 않는다』를 읽었을 때가 그랬다. 베스트셀러 작가이자 저명한 우주론자인 저자가 노벨물리학상 수상자 아홉 명을 인터뷰한 책이었다. 그에 비하면 내가 만나는 과학자들과 나는 어쩌면 너무 평범해 보이지 않나 싶었기 때문이다. 내가 기록하는 그들의 이야기는 어떤 의미가 있을지 고민이 들었다.

다행히 그 고민은 일전에 과학기술학자 유상운과 나누었던 생각들을 되짚으며 차츰 해소되었다. 하나는 이 땅에서 과학을 한다는 것, 곧 우리 사회의 구조와 언어, 환경 안에서 질문하고 실험하며 살아가는 과학자들의 마음을 들여다보는 일 자체가 의미 있을 수도 있겠다는 깨달음이었다. 다른 하나는 토머스 쿤이 말한 '정상 과학' 개념에서 얻은 통찰이었다. 과학사의 대부분을 이루는 정상 과학의 시기에는, 과학자들이 이미 공유된 패러다임이 정한 규칙과 도구 안에서 풀 수 있다고 여겨지는 퍼즐을 해석하고 해결하는 데 힘쓴다. 아인슈타인처럼 과학 혁명을 일으킨 소수의 천재가 아니라 평범해 보이는 다수의 과학자가 일상의 실험과 사유 속에서 보여주는 마음과 실천을 통해서 비로소 과학의 참된 모습을 포착할 수 있다는 기대였다. 내가 만난 과학자들은 바로 그런 과학의 중심에서 자신만의 리듬으로 그 길을 걷고 있는 자들이었다. 이로써 이들의 이야기야말로 과학을 이해하는 데 꼭 필요한 단면이라고 믿게 되었다.

신진화는 얼음에 새겨진 지구의 과거를 읽는 사람이다. 그가 연구하는 빙하 코어에는 수만 년 전 지구의 역사가 담겨 있고, 그것은 곧 우리 시대의 기후를 되짚어보게 하는 창이다. 양진화는 거대한 실험실에서 원자력 에너지의 안전한 사용을 위한 물의 거동을 탐구하는 데 집중한다. 여러 이해 관계자들과 실험 장치를 만들고 운영하며 책임감 있는 과학자의 모습을 드러낸다. 만화책과 과학책 읽기를 좋아하던 김준은 유전체 연구의 매력에 빠져 있다. 예쁜꼬마선충을 연구하던 그에게 유전체 분석은 세상을 읽는 열쇠가 되었고, 실험실은 '퍼즐 조각을 맞추는 방'이 되었다. 장수진은 제주에서 돌고래와 해양생물을 연구하는 과학자다. 바닷가와 파도 위에서 하루를 보내며 그는 해양 생태의 안녕을 살피고 기록한다. 미래형 의료기기를 연구하는 이원령은 새로운 아이디어가 실현될 때까지 끊임없이 실험하고, 기술이 몸속에 들어가는 순간까지 정밀함을 놓지 않는다. 허태임은 숲을 걷는 과학자다. 식물에 이름을 붙이고, 우리 땅에서 사라져가는 식물을 지키는 그의 손끝엔 자연을 향한 무한한 애틋함이 머물러 있다. 정성은은 탐정처럼 데이터를 좇는 사람이다. 2차 전지를 연구하며 수없이 반복되는 실패 속에서도 흔들리지 않는 신념으로 과학을 붙든다. 유전자 가위를 개발하는 배상수는 날카로운 칼을 다듬는 장인과 같다. 그는 겸손과 낙관 사이의 균형, 과학에서 중용의 태도를 추구한다. 배종희는 달 궤도선 '다누리'의 궤도 설계를 맡았던 과학자다. 매일 위성의 위치와 속도를 계산하면서, 우리나라 우주 산업의 내일을 구상한다. 그리고 황원석. 그는 인공지능을 질문의 도구이자 존재로 마주하는 과학자다. 거대한 언어 모델의 구조를 단순한 기술 이상으로 바라보며, 법률·생물 정보·AI 안전성 등 다양한 분야에서 새로운 세계를 만들어가고 있다.

열명의 과학자와 나눈 대화에서 드러난 과학하는 마음이란 무엇일까? 동기일까? 연구하는 동안 피어나는 감정일까? 아니면 끝없이 반복되는 실험 속에서 다듬어지는 어떤 태도일까? 여러 측면에서 답할 수 있을 것이다. 제임스 크라우더(J. G. Crowther)는 『과학의 사회적 관계(The Social Relations of Science)』에서 과학자가 연구를 하는 동기를 다섯 가지로 정리했다. 그에 따르면 과학자들에게는 자연 세계와 우주의 작동 원리에 대한 호기심이 있고, 과학 문제를 해결함으로써 성취감을 얻는다. 또한 자신이 몸담은 집단에서 인정을 받으려는 욕망이 있다. 생계 유지를 위한 경제적 보상을 추구하는 한편, 자신의 연구로 사회와 인류에 긍정적인 영향을 끼치려는 마음도 있다. 이러한 마음들이 과학을 하는 마음일까?

내가 만난 과학자들에게서도 이와 같은 동기들을 뚜렷하게 확인할 수 있었다. 예컨대 양진화와 배상수는 자신이 속한 분야의 동료들에게 인정받는 것을 중요한 가치로 여겼고,

장수진과 허태임에게서는 다음 세대와 자연에 대한 깊은 애정이 느껴졌다. 순수한 호기심을 동력 삼아 연구하는 이들도 있었다. 신진화는 얼음 속에 잠든 지구의 과거를 캐내며 끊임없이 질문을 던졌고, 황원석은 인공지능을 통해 새로운 세계를 창조하는 가능성에 매혹되어 있었다. 이 밖에 어떤 이들은 개인적인 신념이나 신앙, 삶의 철학에서 연구를 지속할 힘을 얻었다.

동기가 달랐듯, 과학자가 된 경로 또한 제각기 달랐다. 그 출발점에는 서로 다른 유년기의 경험이 있었다. 누군가는 책과 영화에 빠져 혼자의 시간을 보냈고 다른 누군가는 할머니와 함께 지내며 세상을 관찰하는 법을 배웠다. 학창 시절의 어느 수업을 듣고 진로를 정한 사람도, 과학자를 아버지로 둔 덕분에 연구하는 삶에 자연스럽게 익숙해진 사람도 있다. 놀랍게도 인터뷰이 중 과학자를 꿈꾸지 않았던 사람도 있었다. 과학자가 된다는 것은 타고난 재능의 결과라기보다는 자신을 둘러싼 세계와 맺은 관계 속에서 피어난 질문들이 겹겹이 쌓인 끝에 나온 응답이었다. 유일한 공통점이라면 어쨌든 좋아하는 무언가가 있는 아이였다는 것 정도였다.

열 명의 과학자 가운데 내가 어릴 적 상상하던 전형적인 과학자의 모습과 겹치는 이는 없었다. 세상을 정복하려는 악당도, 세계를 뒤바꾸려는 천재도 아니었다. 흔히 떠올리는 전형적인 성격이나 업무 방식과도 거리가 있었다. 인터뷰를 통해 알게 된 것은 과학자도 다양한 배경과 성격을 지닌 존재이며, 동시에 깊이 개인적이면서도 사회적인 직업이라는 점이었다. 이들의 경험과 생각, 그리고 사회와의 상호작용은 과학적 탐구가 단순한 지식 축적을 넘어선다는 사실을 보여준다. 고뇌와 열정, 실패와 성공이 교차하는 그들의 삶은 결국 우리 모두의 삶과 크게 다르지 않았다. 전공과 진로가 일관된 길로만 연결된 경우는 드물었고 과학자 역시 우리 사회의 한 사람으로서 일상의 리듬 속에서 자신의 일을 꾸준히 이어가고 있었다.

그럼에도 불구하고 과학을 하는 사람들에게서 찾을 수 있는 공통된 마음을 꼽자면, 아마도 답을 알고 싶은 문제가 있다는 것일 테다. 대상이 다를 뿐, 그들은 모두 어떤 질문을 품고 있었다. 그런 질문들이 모여 인류는 전기를 발명하고 화성을 탐험하고 인공지능을 만들고 있다. "과학자라면 늘 궁금해하면서 질문을 많이 해야 한다"는 이바르 예베르(Ivar Giaever)의 말처럼, 과학하는 마음에는 언제나 물음표가 깃들어 있는 것이다.

과학자들은 정답지가 없는 거대하고 복잡한 세계 속에서 스스로 문제를 정의하고 그것을 해결하려 애쓰고 있었다. 그리고 그 여정에는 개인의 삶과 내면, 욕망과 관계, 공동체가 고스란히 얽혀 있었다. 그들의 이야기는 내게 깊은 공감과 영감을 주었고, 과학과 과학자에 대한 이해를 한층 넓혀주었다. 그렇게 해서 나의 장래 희망은, 다시 과학자. 호기심과 질문이 가득한 과학자가 되었다.

이 책이 당신에게도 그런 울림으로 전해지기를 바란다.

과학의 도시, 대전에서

임지한

차례

서문　　5

신진화, 빙하를 연구하는 마음　　31

양진화, 끓는 물을 연구하는 마음　　69

김준, 유전체를 연구하는 마음　　99

장수진, 돌고래를 연구하는 마음　　125

이원령, 바이오 센서를 연구하는 마음　　159

허태임, 식물을 연구하는 마음　　189

정성은, 2차 전지를 연구하는 마음　　221

배상수, 유전자 가위를 연구하는 마음　　249

배종희, 달 궤도를 연구하는 마음　　283

황원석, 인공지능을 연구하는 마음　　313

신진화, 빙하를 연구하는 마음

가장 짜릿한 순간은 누구도 이전에 알지 못했던
새로운 무언가를 발견하는 그 순간이다.
바로 이런 순간들이 모든 고된 노력을 가치 있게 만든다.

- 제임스 보너(James Bonner)

신진화는 빙하에 기록된 기후 기록으로 지구의 과거를 연구하는 빙하학자다. 그는 빙하에 갇혀 있는 작은 공기 기포를 분석하여 수십만 년 전 지구가 어떤 환경이었는지를 들추어낸다. 프랑스 그르노블알프스대학과 캐나다 앨버타대학 연구소를 거쳐 현재 극지연구소에서 박사후연구원으로 근무하고 있으며, 2023년 그린란드 국제 빙하 시추 프로젝트에 참여하였다.

    신진화는 어렸을 때부터 지구과학을 좋아했다. 지구가 46억 년 동안 단 한 번도 똑같았던 적이 없었다는 사실에 강한 호기심과 끌림을 느꼈다. 고등학교에서 지구의 역사를 공부할 때 가장 행복했다던 그는 대학에서 지질학을 전공하며 연구자의 꿈을 키우다 대학원에서 우연히 남극 빙하 코어 연구를 만나면서 본격적인 빙하학자의 길로 들어섰다. 그의 주요 관심사는 빙하 속 이산화탄소 데이터를 해석하여 지구의 기후와 환경을 연속적으로 복원하는 것이다.

    신진화는 과학자의 전형과는 거리가 먼 인물이다. 국내 한 포털사이트에 그의 이름을 검색하면 직업이 영화감독으로 표기되어 있다. 학창 시절 제작한 작품이 어느 영화제에 출품된 덕분이다. 그는 때때로 기자로서 기후변화 관련 글을 언론에 기고하기도 한다. 2025년에는 첫 저서 『빙하 곁에 머물기』를 출간했다. 신진화에게는 자신의 경험과 생각을 논문 아닌 다른 여러 형태로도 말할 수 있는 능력이 있다. 실제로 그를 만나면 이야깃거리가 끊이질 않는다. 이토록 다양한 분야에 깊은 관심과 능력이 있는 사람이 과학자라는 사실에 놀라지 않을 수 없다.

출장이 잦은 나에게는 버릇이 하나 있다. 운전을 할 때마다 노래를 들으며 떠오르는 기억 조각들을 이리저리 맞춰보는 것. 완성되는 퍼즐은 매번 다르다. 아이들의 어린 시절이기도 하고, 가족들의 안부일 때도 있고, 친구들과의 술자리일 수도 있다. 이걸 궁상으로 볼 수도 있겠지만 몇 시간을 운전해야 하는 상황에서 가장 안전하게 시간을 보낼 수 있는 방법이다. 앞날을 생각하다 보면 어느새 걱정과 계획이 끼어들어 불안을 일으키기 쉽지만, 과거를 되살리는 일은 어차피 바꿀 수 없는 그림이기에 그저 편안하다.

그러나 오늘처럼 김동률의 노래가 재생 목록에 있어 꼼짝없이 옛사랑과의 추억에 사로잡히는 날이면 꼭 그렇지도 않다. 그의 노랫말처럼 '옛얘기지만, 다 지나버린 얘기지만 느닷없이 또 날 괴롭혔고 곱씹으면 다 알 것 같아서' 떨칠 수 없는 장면들은 여전히 내 심경을 복잡하게 한다. 다투며 쏟아냈던 말, 확신 없는 현실에 불안해하던 눈빛, 헤어짐을 받아들여야 했던 밤. 결국 붙잡지 못했던 두 손과 같은 후회는 자책을 불러일으키고 나아가 앞으로는 그러지 않겠다는 다짐까지 하게 만든다.

사실 이런 궁상에 운전은 핑계일 뿐, 진짜 이유는 따로 있지 않을까. 기억을 잃고 싶지 않은 마음. 언제인가부터 예전에 떠올렸던 기억들이 서서히 잊혀가는 걸 느낀다. 항상 사진을 찍는 것도 아니고 녹음을 하지도, 일기를 쓰지도 않으니 시간이 지날수록 머릿속 기억이 흐릿해지고 뒤엉켜 사라지는 건 당연하리라. 하지만 나는 괜히 그 사라지는 기억들이 아쉬웠다. 그래서 생긴 습관일 터이다. 자주 떠올리면 그나마 오래 붙잡을 수 있지 않을까 하는 마음에.

유독 신진화를 만나러 가는 길에 옛 생각을 많이 했던 건 아마도 그가 자신을 '지구의 과거가 궁금한 빙하학자'라고 소개했기 때문일 것이다. 대상이 무엇이든 과거를 궁금해한다는 것은 그에 대한 애정이 높다는 뜻. 사랑이 없으면 그의 과거가 어떻든 알 바 아니다. 그게 연인이든 지구이든 간에 말이다. 신문 기사에 실린 신진화의 소개 글을 읽고 그에게 지구란 어떤 의미일지 궁금해졌고 빙하학자는 대체 어떻게 지구의 과거를 알게 되는지 묻고 싶어졌다. 옛날을 뒤적이는 궁상을 아는 과학자, 신진화라는 사람에게 강한 끌림을 느꼈다. 그와 마주 앉았을 때의 두근거림이 아직도 선명하다.

스트로마톨라이트

호주의 서부 해안에 샤크만(Shark Bay)이라는 곳이 있다. 유네스코 세계문화유산으로도 선정된 이 지역은 놀라울 만큼 독특하고 다양한 지질학적 특징을 가지고 있다. 예를 들면 넓이 4800㎢로 세계에서 가장 넓은 해조 숲이 있으며, 듀공을 포함한 멸종 위기에 처한 다섯 종의 포유동물이 산다. 그리고 무엇보다 이곳에는 지구에서 가장 오래된 생명체이자 화석인 스트로마톨라이트(stromatolite)가 있다. 개체에 따라 자그마치 35억 년 이상의 기록을 품고 있는 화석이다.

신진화가 샤크만을 알게 된 것은 대학에서 지질학 공부를 시작한 지 2년 정도 지났을 때였다. 수업 중 시청한 다큐멘터리 〈지구와 생명의 신비〉를 통해서였다. 영상은 지구 탄생 후 원시 생명체의 탄생과 진화를 다루고 있었는데 혐기성 생물에서 호기성 생물로의 변화 과정에서 원핵생물인 스트로마톨라이트의 존재가 소개되었고 이때 호주의 샤크만이 등장했다고 한다. 원시 지구의 모습을 볼 수 있다는 사실에 큰 흥미를 느낀 신진화는 죽기 전에 저곳에 꼭 한 번은 가봐야겠다며 노트에 적어두었다. 그때는 스스로도 알지 못했을 것이다. 이 사소한 메모가 불러올 미래가 무엇일지.

"졸업을 앞두고 수중에 350만 원 정도 있었어요. 불현듯 샤크만이 떠올랐고 지금이 아니면 평생 갈 수 없을 것 같다는 생각이 들더군요. 겁도 없이 제일 싼 비행기표를 구해서 호주로 향했죠. 자정에 도착하는 일정이었어요. 혼자 처음으로 가는 해외여행이었는데 아무런 계획도 없었죠. 지금 생각하면 무모하기 그지없는 일이에요. 그렇게 도착하자마자 현지 여행사에 가서 샤크만이 들어가 있는 프로그램을 찾았어요. 버스를 타고 몇 시간을 가서 내린 그곳에 사진으로만 보던 바로 그 원시 지구의 흔적이 있더라고요. 어찌나 멋지던지! 어쩌면 그 여행을 통해 지질학자로서의 열정을 더 불러일으키고 싶었는지도 모르겠어요. 그런데 웬걸요, 막상 한국으로 돌아오자 머릿속은 취직을 해서 돈을 벌어야겠다는 생각으로 가득 찼어요."

 그 생각대로 대학 졸업 후 신진화는 전공과 관련 없는 회사에 취업했지만 시간이 지날수록 불편한 마음이 커졌다. 자신과 맞지 않는 옷을 입은 것 같은 기분, 제대로 도전해보지도 않고 도망친 기분, 하고 싶은 일은 다른 곳에 있는 듯한 기분, 누구를 위하는지도 모르는 희생을 하고 있는 기분이 들었다. 매달 통장에 꽂히는 월급에 익숙해질 때쯤 신진화는 작은 용기를 냈다. 다시 지질학을 공부하기 위해 대학원 입학 원서를 쓴 것이다. 학계에 어울리는 이력을 갖추지 못했다고 판단했기에 합격에 자신은 없었지만 일단 뭐라도 했다는 데 의의를 뒀다.

 그러나 놀랍게도 과거의 선택은 그를 미래로 이끌었다. 우연히 면접관으로 참석했던 고생물학 교수는 스트로마톨라이트를 보겠다고 홀로 샤크만을 다녀온 여학생의 열정을 높이 샀다. 그 자리에서 그는 그동안 자신도 모르게 품어왔던 지구 역사를 향한 호기심과 애정을 토해냈고 그 결과 만점에 가까운 면접 점수를 받아 당당히 원하는 학교에 입학했다. 빙하학자 신진화의 여정이 시작된 것이다.

신진화,

위스키 온더록

신진화의 핵심 연구 주제를 한 줄로 요약하면 '빙하에 포집된 과거 대기를 이용한 지구 이산화탄소 농도 변화 추정'이다. 비전공자라도 알아들을 수 있는 단어의 조합이지만 어떤 의미가 있는 연구인지는 단박에 파악하기가 쉽지 않았다. 그는 흥미로운 에피소드로 본인 연구의 역사를 소개했다. 2023년 91세를 일기로 세상을 떠난 프랑스 빙하학자 클로드 로리우스가 33세였을 때, 그러니까 무려 59년 전의 이야기였다.

당시 클로드 로리우스 박사는 빙하 시추를 위해 남극의 아델리랜드에 머물고 있었는데, 그의 일과 중 하나는 매일 저녁 동료들과 나누는 위스키 한잔이었다. 그는 위스키에 얼음을 넣어 마시는 온더록 방식을 즐기곤 했는데 어느 날 냉장고에 얼려놓은 얼음이 없었다. 그런데 남극에서 얼음이 없다는 게 말이 되나. 그들은 가까이 있는 빙하에서 얼음 조각을 떼어 그대로 잔에 넣었다. 그 순간 클로드는 얼음 조각에 시선을 멈추었다. 위스키 잔에 떨어진 얼음에서 마치 탄산음료 캔을 열었을 때처럼 공기 방울이 뽀글뽀글 올라오는 게 아닌가. 훌륭한 연구자였던 클로드는 이 현상을 그냥 지나치지 않았다. 그는 얼음에서 올라오는 공기 방울이 빙하가 만들어질 당시의 기체임을 직감하고 남극에서 돌아온 후 본격적으로 빙하 속 기체 연구를 시작했다. 인류가 지구의 과거를 들여다볼 수 있는 열쇠 하나를 찾은 것이다.

빙하란 오랜 기간 눈이 쌓여 만들어진 두꺼운 얼음덩어리를 뜻한다. 주로 눈이 많이 쌓이는 극지방에서 빙하가 형성된다. 눈이 쌓이고 쌓이면 압력에 의해 눈 결정이 밀려 얼음으로 압축되고, 그렇게 압축된 얼음은 시간이 지나 굳어서 빙하가 된다. 당연하면서도 놀라운 사실은 눈이 얼음이 될 때 당시의 대기가 함께 섞인다는 것이다. 그뿐 아니라 미세먼지를 포함한 대기 중 떠다니는 고체 또는 액체상의 입자상 물질(粒子狀物質)까지 눈과 함께 쌓인다. 그러니까 빙하에는 수십만 년 전 기후를 추측할 수 있는 물질이 그대로 보존되어 있다. 신진화의 말마따나 '냉동 타임캡슐'인 셈이다.

신진화의 '위스키 온더록'은 2023년 그린란드에서 이루어졌다. 그린란드에서는 우리나라를 포함한 여러 국가에서 빙하를 시추하여 간빙기 시대를 연구하기 위한 국제 공동 연구 프로그램이 진행되고 있었다. 신진화는 극지연구소 소속 연구원으로 그곳에 몇 달간 머물렀다. 그가 휴대폰을 열어 보여준 설국의 생생한 현장 사진과 동영상은 극지방에 가본 적 없는 나로서는 정말이지 놀라움의 연속이었다. 영화에서만 보던 설경과 상상할 수 없는 연구 장치들부터 눈과 얼음 속에 파묻힌 일상까지, 모두 경이 그 자체였다. 이런 연구를 하는 과학자가 눈앞에 있다니! 나는 흥분에 터져 나오려는 두서없는 질문들을 가까스로 억누른 채 조심스럽게 인터뷰를 이어갔다. 거기는 대체 어떤 곳인가요?

"눈부시게 하얗고, 신기하고 또 불편한 곳이죠. 그린란드는 정말로 눈과 얼음 그 자체예요. 사방을 둘러봐도 온통 하얀 눈과 푸른 하늘뿐이에요. 설평선(雪平線)이라는 말이 있는지 모르겠지만, 저 멀리 눈과 하늘이 만나는 곳이 존재하더라고요. 산책을 하고 싶을 때면 걷지 않고 스키를 타죠. 그곳에서 과학자들은 땅속 깊이 구멍을 뚫어 빙하를 채취하고, 굴을 파고 공간을 만들어서 실험을 하고 지냅니다. 비현실적인 장면의 연속이에요. 임시 텐트를 설치해서 숙소로 활용하고 있지만 화장실은 10분 정도 걸어야 갈 수 있어요. 샤워도 일주일에 한 번밖에 못 하는 환경인데, 그 이유가 재미있어요. 눈을 녹여서 물로 사용하고 그걸 또 정화해야 되기 때문에 샤워 횟수를 최소화해야 하거든요."

신진화는 그곳에서 빙하 시추 과정을 함께했다. 빙하 시추는 시추기를 이용해서 파이프를 원하는 깊이만큼 박아 뽑아 올리는, 꽤나 정교하고 시간이 드는 작업이다. 뽑아 올린 빙하를 빙하 코어라고 부르며 깊이에 따라 천부, 중부, 심부로 나뉜다. 그린란드에서는 대략 2700m 깊이에 있는 빙하를 원통형으로 시추했는데 이 정도 빙하는 무려 약 12만 년 전, 마지막 간빙기에 생성된 것으로 추정된다. 시추된 빙하 코어로 여러 가지 탐구와 실험이 이루어지는데, 신진화는 일단 현장에서는 가급적 간단한 실험들을 한다고 설명했다. 전기전도도 실험이라든지, 얼음 결정 분석을 통한 연령 측정 같은 것들. 반면 그의 주된 연구 분야인 이산화탄소 농도 측정과 같은 실험은 정교한 장치가 갖춰진 실험실에서 이루어진다고.

그의 이야기를 들으며 문득 떠오르는 장면이 있었다. 지구온난화가 불러올 대재앙을 다룬 영화 〈투모로우〉의 첫 장면이다. 화면은 남극 대륙의 장엄한 전경으로 시작된다. 카메라가 하늘에서부터 천천히 내려오며 광활하게 펼쳐진 눈 덮인 빙하와 얼음 절벽을 비춘다. 곧이어 들려오는 날카로운 바람 소리와 얼음이 뒤틀리는 희미한 소음. 화면이 가까워지면서 눈보라가 몰아치는 혹한의 환경에서 작은 점처럼 보이는 과학자들의 연구 기지가 등장한다. 주인공이 이끄는 팀은 빙하에 거대한 드릴 장비를 설치해놓고 작업을 진행 중이다. 그들은 빙하 코어 샘플을 채취하고 있었고, 굵고 긴 드릴이 빙하를 천천히 뚫고 들어가자 얼음 표면에 작은 진동이 일기 시작한다. 이때 주인공 잭은 무언가 이상한 징후를 감지하고는 "멈춰!"라고 외치며 팀원에게 기계를 중단하라고 지시하지만 갑자기 얼음 깊은 곳에서부터 둔탁한 금속음과 균열음이 울려 퍼지며 바닥이 미세하게 흔들린다. 이내 빙하의 일부가 거대한 소리와 함께 무너져 내리고 기계와 얼음 조각들이 아래로 떨어지며 빙하 속 어두운 심연으로 사라진다.

신진화에게 영화 이야기를 꺼내며 기후변화의 현실성에 대해 가볍게 물었다. 그래도 영화처럼 남극에서 빙하를 시추하다 바닥이 쪼개지거나 하는 일이 일어나지는 않겠죠, 하는 바보 같은 질문들. 그는 영화는 영화니까요, 라며 웃었지만 그린란드에서 기후변화의 흔적은 쉽게 찾을 수 있었다고 했다. 굳이 10년 전 사진을 찾아 확연히 줄어든 빙하를 비교하지 않더라도, 그곳에서 생활하다 보면 몸소 느껴지는 변화들이 있다는 것이다. 예를 들면 야외에 화장실 텐트를 설치하기 위해 주변에 눈을 쌓아 지지대를 만들었는데 예년과 달리 온도가 높아지면서 쌓인 눈이 승화했고, 그 바람에 화장실 텐트가 바람에 날려 사라져버렸다는 웃지 못할 이야기 같은.

이산화탄소 농도

이내 신진화는 진지한 표정으로 기후변화는 이론이나 가능성이 아니고 실제 상황이라고 강조했다.

> "기후변화 회의론자들은 지금 기후가 결코 이상하지 않다고 주장하죠. 지구의 온도가 과거 더 높았던 적도 있다는 기록을 증거로 현재의 기후변화를 부정하고 있답니다. 어떤 의미에서는 맞는 말이에요. 사실 지금 온도가 아무리 상승하더라도 지구 자체가 타격을 입거나 사라지지는 않을 거예요. 분명 지금보다 더 뜨거웠던 적이 있으니까요. 그러나 결코 같은 상황이 아니에요. 지구라는 행성의 안녕이 아닌 인류의 생존을 고민해야 하기 때문이죠."

인류의 생존. 대체 지구상에 어떤 변화가 일어나면 우리

삶이 위협받는 것일까. 기후변화를 다루는 보고서나 방송, 뉴스를 보면 심심찮게 등장하는 말이 있다. "지구 평균기온 상승 폭이 2°C 이내가 되도록 해야 한다." 이는 2015년 12월 프랑스 파리에서 열린 제21차 유엔기후변화협약 당사국총회(COP21)에서 채택된 국제적인 기후변화 대응협약 내용의 일부로, 정확히는 지구 평균기온 상승 폭을 산업화 이전 수준 대비 2°C 이하로 제한하고, 나아가 기온 상승 폭을 1.5°C 이하로 억제하기 위해 노력하자는, 전 세계 국가들이 합의한 공동 목표라고 볼 수 있다. 그렇다면 그 이상의 온도 상승은 우리에게 적잖이 위험하다는 뜻이리라.

직관적으로 지구의 평균기온에서 1도가 갖는 의미를 파악하기는 어려운 일이다. 꽃 피는 봄날의 온도가 11도든 12도든 그 차이를 쉽게 체감할 수는 없는 노릇이다. 한겨울 영하 10도, 한여름 30도를 넘는 극명한 기온 차를 경험하는 한국에서라면 그럴 수밖에 없다. 일상에서 1~2도의 온도 변화는 아무것도 아닌 듯 느껴진다. 그렇지만 현재 지구의 평균기온이 산업화 이전과 비교해 약 1도 올랐다는 사실을 생각하면 등골이 오싹해진다. 마지막 빙하기가 끝나고 지구가 따뜻해진 시기, 약 1만 년 전부터 산업화 이전까지 1도 내외로 지구의 기온이 변했는데 인류가 등장하고 산업화가 진행되자 200년 만에 1도가 올랐다는 뜻이니까. 아닌 게 아니라 우리 인간이 기후를 엄청나게 빠르게 교란하고 있는 셈이다. 그렇기에 생물학자들은 이러한 빠른 변화에 생명체가 적응할 수 있을지 우려를 표한다. 그들은 지구의 평균온도가 2도 올라가면 생물다양성의 절반가량이 사라질 수 있고 그렇게 되면 인류는 멸종할 것이라고 예측한다. 환경운동가 마크 라이너스는 『최종 경고: 6도의 멸종』에서 1도가 상승하면 지구에 살고 있는 산호초의 약 70퍼센트가 죽을 것이고, 2도가 상승하면 북극의 그린란드 빙하가 모조리 녹아 사라져 그 영향으로 세계의 주요 도시가 침수될 것이라고 경고하기도 했다.

사람들은 대개 아침에 일어나면 오늘의 날씨나 미세먼지를 확인하지만 신진화는 매일 아침 이산화탄소 농도를 확인한다. 거주하는 지역의 값은 아니고 하와이 마우나로아관측소(Mauna Loa Observatory)에서 측정한 값이라는데 여기서 측정한 값이 전 지구적 평균 대기 이산화탄소 농도를 대표하는 수치라고 한다. 인터뷰 중 확인해보니 전날 농도값은 427.8ppm이었다. 이게 무슨 의미인지 묻자 그는 ppm이라는 단위가 공기 분자 100만 개 중에 이산화탄소 분자가 427개쯤 있다는 뜻이라고 말하며 이 값은 그날그날, 계절에 따라 다르고 보통 광합성 양이 줄어드는 겨울에는 올라가는 경향이 있다고 했다. 자신의 연구가 빙하 속에 감춰진 수십만 년 전의 기록을 찾는 일이니까 오늘의 숫자에도 관심을 갖는다는 말과 함께.

100만 개 중 400개 정도의 값은 얼핏 생각하면 큰 숫자로 다가오진 않는다. 수중에 100만 원이 있다면 400원 정도는 그리 많은 돈으로 느껴지지 않을 테니까. 그는 내 의견에 그럴 수 있다며 끄덕였지만 과거 기록을 보면 엄청나게 증가한 것이라고 설명했다. 무려 80만 년 동안 이산화탄소 농도가 180ppm에서 280ppm 사이를 왔다 갔다 했는데 산업혁명을 거치며 280ppm이 되었고, 이후 200년 조금 넘는 시간이 흘렀을 뿐인데 427ppm에 이르렀다. 그러니 대체 인류는 얼마나 급격한 기후변화를 야기하고 있는 것인가.

이러한 때이니만큼 신진화의 연구 주제인 이산화탄소 농도 변화는 어쩌면 인류의 생존이 걸려 있을지 모르는 지구 온도 변화를 이해하고 예측하는 데 중요한 의미를 지닌다. 이산화탄소 농도와 지구 온도는 밀접하게 관련되어 있기 때문이다. 태양이 내보내는 단파 복사열은 지구 표면에 도달하지만, 지구가 방출하는 장파 복사열의 일부는 이산화탄소와 같은 온실가스가 흡수해 지구 대기를 데우는 역할을 한다. 따라서 이산화탄소 농도가 높아지면 대기 중에 갇히는 열에너지가 증가해, 지구 평균온도 상승을 초래하는 것이다. 신진화는 남극 빙하에 갇힌 공기 방울을 분석한 결과 그래프를 보여주면서 과거에 비해 약 50년 이상 빠른 속도로 지금 이산화탄소 농도가 증가하고 있다고 설명했다. 이와 같은 형태의 다양한 이산화탄소 농도 변화 연구 결과가 기후 모델에 필수적인 데이터를 제공하면, 이를 통해 향후 지구 평균기온과 해수면 상승, 생태계 변화 등의 예측이 가능한 것이다.

자신의 연구가 인류의 안녕에 기여하고 있음을 느끼는 건 과학자에게 어떤 마음일까? 아마도 그들은 보이지 않는

실을 엮듯, 지구와 미래 세대의 생명을 잇는 일을 하고 있다는 사명감에 가슴이 벅차오를지도 모른다. 눈앞의 작은 데이터와 실험이 결국 거대한 변화의 시작점이 된다는 믿음은 고단한 연구의 길에서 결코 놓을 수 없는 희망의 불씨일 터. 그런 마음은 과학자에게 단순한 직업적 성취를 넘어, 인류를 위한 헌신이라는 더 큰 연구 동력으로 작용하지 않을까 궁금했다. 그러나 그의 대답은 예상과 전혀 달랐다.

"제가 하는 연구는 진짜 쾌감을 느낄 수 있는 지점들이 있어요. 원론적으로는 새로운 사실을 발견하는 기쁨이라고 할 수 있겠죠. 그러나 다른 연구와는 조금 다를 거예요. 예를 들어 분석 대상인 빙하의 일부는 엄청나게 오래전에 형성되어 그때의 정보를 담고 있는 유일한 자료예요. 행여 관리라도 잘못해서 녹아버리면 누구도 영영 알 수 없을 그런 데이터의 원천이잖아요. 눈앞에 있을 때부터 두근거려요. 조심스럽게 실험을 해서 어떤 실험값을 얻었을 때는 또 어떻겠어요? 12만 년 전 지구의 비밀을 아는 사람이 전 세계에서 제가 처음인 거잖아요. 그러다 실험값들 사이의 상관관계라도 명확하게 파악하게 된다면 이건 정말 그 어떤 쾌감보다 강렬해요. 정말 신이 나요. 내가 살아보지 않은 그 기간에 발생한 사건들의 원인을 알아내고 규명할 때의 기분은, 말 그대로 짜릿하죠."

신진화는 이 기분을 대학원 시절 논문을 쓰면서 처음 느껴봤다고 회상했다. 당시 간빙기를 주제로 이산화탄소 농도 변화를 연구했는데, 데이터의 시간적 해상도를 높여 분석하여 미세하지만 눈에 띄는 천 년 주기의 변화들을 찾아낸 것이다. 이는 이산화탄소 농도 연구 분야에서 처음으로 천 년 단위의 기후 변동성과의 관계를 밝혀낸 사례가 되었다. 당시 고해상도 데이터 연구가 이 수준까지 진행된 적이 없었기 때문에 그 원인을 규명하는 과정은 매우 어려웠지만, 문제를 밝혀냈을 때 그 발견의 기쁨이란 이루 말할 수 없었다고 한다. 이러한 경험이 신진화에게는 더 큰 연구의 동력을 제공했고, 결국 오늘의 빙하학자를 탄생시킨 것이다.

불확실한 과학

그의 말끝에 잔잔한 웃음이 흘러나왔다. 그가 품은 열정과 환희로 가득 찬 미소는 보이지 않는 파도처럼 내 가슴에 와닿았다. 한 과학자의 꿈과 열정이 세상 어디에서보다도 강하게 타오르는 듯했다. 순간 그가 부러웠다. 나도 어린 시절 꿈꿨던 과학자가 되었다면 언젠가 저런 표정을 지을 수 있지 않았을까. 세상에 나만 아는 사실을 발견하는 기쁨이란 대체 어떤 것일까. 아무리 애써봐도 상상할 수 없었다.

그러나 모든 일에 환희만 있을 수는 없는 법. 취득한 빙하에서 이산화탄소 농도를 확인하는 실험이 어렵지는 않은지

물어보았다. 정말 위스키에서 녹아 올라오는 기포를 수집한다면 유쾌하고 흥미로운 작업이겠지만 그럴 리는 없을 테니까.

과연, 신진화는 나의 요청에 따라 최대한 쉬운 언어로 빙하 속 이산화탄소를 포집하는 과정을 설명했지만 그건 예상보다 꽤 복잡했고, 사이사이 등장하는 장치 명칭들도 생소했다. 극지방에서 비행기를 타고 실험실로 배송된 빙하 코어는 일단 진공 챔버 안으로 들어가 진공 상태에 놓인다. 당연하겠지만 공기 중 다른 기체와 섞이면 실험은 처음부터 실패한 것이나 다름없기 때문이다. 그 안에서 냉동 절단기로 정밀하게 빙하 샘플을 절단한 뒤, 기계적으로 파쇄해 공기 방울을 추출한다. 말 그대로 바늘 등으로 빙하를 깨부숴 그 안에 기체를 방출시키는 것이다. 방출된 기체를 밀폐된 튜브나 용기와 같은 샘플링 장치를 통해 수집하면 다시 냉각 시스템을 이용해 이산화탄소를 정밀하게 분리한다. 그리고 이렇게 포집된 이산화탄소를, 가스크로마토그래피나 질량 분석기를 사용해 농도와 화학적 조성을 분석한다.

언뜻 듣기에도 매우 정교한 과정이기 때문에 여러 어려움이 따를 것 같았다. 실험 과정 중 발생하는 불순물이 섞이면 결과가 왜곡될 수 있을 테고, 100만 개 중에 많아야 수백 개 정도의 이산화탄소 분자는 추출 과정에서 손실이 발생할 가능성도 있을 것이다. 빙하 샘플은 저온 상태로 유지해야 하는데 만에 하나 냉동 시스템이 작동하지 않는다면 세상에 하나뿐인 시료가 사라지는 끔찍한 상황을 맞이할 수도 있다.

"진짜 힘들어요. 어렵게 얻은 빙하 샘플을 날려먹을 수 있다는 생각에 매 순간 실험 장비 앞에서 긴장하고 있습니다. 어느 강연에서 이런 질문을 받았어요. 실험은 장치 성능만 좋다면 실패할 일이 별로 없지 않으냐, 실험자가 개입할 여지가 별로 없어 보이는데 왜 긴장하느냐고 궁금해하셨죠. 물론 장비의 정밀성과 신뢰성이 중요해요. 그런데 현실은 그걸 받쳐주지 못해요. 요구되는 정교함에 비해 실험 기기가 굉장히 불안정하거든요. 어떤 단계에서도 작은 누설이나 오염이 흔히 발생해요. 실험자는 장치 앞에서 계속 관찰하면서 필요시 신속하게 조치하거나 개입해야 합니다. 장치를 작동해두고 다른 일을 하는 것은 절대 불가능해요."

나는 역시 뭐든 쉬운 일은 없다며 고개를 끄덕였지만 곧이어 떠오른 생각에 어떻게 대화를 이어야 할지 고민했다. '데이터의 불확실성이 높은데…?' 워낙 작은 수치를 다루는 민감한 과정이기 때문에 실험 결과의 신뢰도에 의문을 제기하기도 쉬울 것 같았다. 이는 실제로 기후변화 회의론자들이 취하는 입장이기도 했다. 그들은 빙하 코어에서 추출된 이산화탄소 농도 데이터의 미세한 오차나 불확실성을 근거로 결과를 부정하거나 신뢰할 수 없다고 주장한다. 공기 방울이 형성되는 과정에서 혼합되거나 변형될 가능성도 있고, 현대 대기오염이 실험 과정에 영향을 미쳤을 수 있다는 것이다. 해석상에서 주관성이 개입될 수 있다. 시간적 해상도가 높아질수록 미세한 변화를 감지할 수 있지만, 반대로 데이터 노이즈도 함께 증가하므로 연구자는 데이터의 변동이 실제 기후변화인지 실험적 오류인지 판단해야 하기 때문이다.

신진화 역시 이 부분을 인지하고 있었다. 본인 실수로 실제 이산화탄소 농도보다 더 높거나 낮게 측정될까 봐 두려워했다. 실수로 만들어진 데이터가 과학적 사실인 양 공유되고 나아가 정책에 반영된다면, 그건 잘못된 미래를 만드는 것 같다고, 그래서 이로 인한 압박이 엄청나다는 것이다. 이런 이유로 다른 연구팀과 독립적 검증을 통해 결과를 교차 확인하고 오류를 최소화하는 과정도 중요하다고 강조했다.

> "그런데 과학이 원래 그런 거 아닌가요? 어떤 실험이든 불확실성은 있기 마련이지요. 불확실성이 있다는 사실이 과학에 대한 회의론에 빠질 이유가 될 수는 없다고 생각해요. 오히려 측정이나 해석에서 존재하는 오차를 인정하고 이를 최소화하려는 노력 속에서 과학은 더욱 발전하니까요. 빙하 코어 연구에서도 다양한 연구자들의 무수한 반복 실험과 여러 독립 검증을 통해 신뢰도를 높이는 중이고 장치들도 더욱 나아지고 있어요. 먼지나 해양 퇴적물 등 다른 고기후 데이터와의 비교 분석을 통해 빙하 코어 연구 결과의 신뢰성을 확인하기도 하죠."

그렇기에 신진화는 자신의 논문이 학술지에 게재되었을 때, 이루 말할 수 없는 자부심을 느낀다고 말했다. 오랜 노력과 실험의 결실이 드디어 객관적으로 인정받았다는 깊은 보람에서 나온 자부심이다. 단순한 성취감을 넘어, 자신의 연구가 학문의 지평을 넓히고 새로운 발견의 출발점이 될 수 있다는 생각은 연구자로서의 자신감을 한층 더 북돋아주었을 것이다. 특히 빙하 연구에서 하나의 데이터는 미래의 발전에 기여할 가능성을 품고 있기에, 그 가치는 더욱 특별하다. 정말이지 이토록 매력적이고 의미 있는 연구 분야가 또 있을까 싶다.

과거를 본다는 것은 곧 나를 본다는 것

이야기를 듣다 보니, 국내에서 관련 분야의 연구자가 손에 꼽을 정도로 적은 상황에서 신진화가 어떻게 이러한 희소한 분야에 발을 들이게 되었는지 궁금하지 않을 수 없었다. 그는 언제 처음 빙하와 고기후 연구에 관심을 가지게 되었을까? 어린 시절 자연과 과학에 대한 호기심이 그를 이 길로 이끌었을까, 아니면 학문적 과정 속에서 우연히 발견한 매력에 빠져들었을까? 이런 질문은 단순히 신진화의 연구 과정에 대한 궁금증을 넘어서 국내에서 이처럼 희소하고도 중요한 학문 분야를 어떻게 키워갈 수 있을지에 대한 고민으로 확장되었다. 그의 과거를 조금 더 캐보기로 했다.

  신진화는 스스로 타고난 과학자는 아닌 것 같다고 말했다. 왜, 주변에 그런 친구들이 있지 않은가. 어려서부터 숫자나 기호로 이루어진 모든 것들을 좋아하고 잘하는 아이들. 하지만 그는 자신이 그들처럼 특별한 재능을 타고난 사람은 아니라고 생각했다. 오히려 인생에 우연히 등장한 한 사람이 그의 마음에 작은 불씨를 지폈고, 그 불씨가 점점 커져 결국 과학이라는 세계로 자신을 이끌었다고 회상했다.

"고등학생 때 지구과학2를 선택했는데, 그 당시 선생님께서 정말 훌륭하게 가르치셨어요. 그래서 많은 학생이 지구과학2에 빠져들었고, 저도 그중 한 명이었죠. 수업이 정말 재미있어서 수업이 끝난 후 친구들과 '나중에 지구과학으로 먹고살 수 있으면 좋겠다'고 이야기했던 기억이 납니다. 물론 얼마 지나지 않아 지구과학으로 돈을 벌 수 있는 기회는 거의 없다는 걸 알게 되었지만요. 당시엔 그냥 철학을 공부하는 것처럼 흥미를 느꼈던 것 같아요. 그 흥미로 대학도 지질학과로 진학하게 되었고, 그 선택이 제게 너무나 재미있는 학문의 길을 열어주었어요. 특히 46억 년에 걸친 지구의 역사가 정말 흥미로웠습니다. 우리가 살지 않았던 시절의 흔적을 찾아내고 그것을 이해하는 과정이 너무 매력적이었죠. 지구는 46억 년이라는 기나긴 기간 동안 한 번도 같은 적이 없었고, 빅뱅 이후 태양계가 형성되고 다른 행성들과 함께 태어났지만 생명체가 존재하는 유일한 푸른 행성이 되었잖아요. 그 과정을 배우면서 매 순간이 기적으로 다가왔습니다. 그리고 그 기적이 어떻게 가능했을까 하는 궁금증은 여전히 저를 사로잡고 있습니다."

선생님이 마음에 들어 과학을 한다고? 믿기 어렵겠지만 흔하고 자연스러운 일이다. 나 역시 선생님을 좋아해서 물리 과목을 선택했고, 결국 대학교에서 원자핵공학을 전공했다. 학생의 진로에 선생님의 영향이 크다는 것은 개인적 경험에서만 비롯된 생각은 아니다. 이를 뒷받침하는 사례와 연구 결과도 다양하다. 예를 들어, 알베르트 아인슈타인은 어린 시절 멘토였던 막스 탈무트(Max Talmud)의 영향을 받았고 그 관계는 아인슈타인이 과학자로 성장하는 데 결정적 토대가 되었다고 전해진다. 또한, 고등학생의 적성과 진로에 대한 교사의 관심은 학생의 대학 전공과 미래 직업 결정에 유의미한 영향을 미친다는 연구 결과도 다수 존재한다. 지식 전달자의 역할에 머무르지 않고 사고의 즐거움을 가르치고 가능성을 열어주는 선생님은 학생의 진로뿐만 아니라 인생의 방향까지도 결정할 수 있는 힘을 가지고 있는 것이다.

훌륭한 선생님의 영향으로 지구과학을 좋아할 수는 있었겠지만, 그중 빙하 연구를 선택한 것은 결국 신진화 자신의 결정이었다. 여기에 어떤 이유가 있을까? 그는 이에 대해 어린 시절의 기억을 조심스레 내비쳤다. 그는 대학교 4학년 때 우연히 도서관에서 독서 모임에 참여하게 되었다고 한다. 과거를 향한 그의 호기심은 단지 학문적 동기에서 비롯한 것이 아니었다. 당시 그는 대학을 졸업하면 책을 읽을 기회가 줄어들 것 같다는 단순한 이유로 독서 모임에 갔지만, 그 모임은 예상과 달리 독서 치료 모임이었다고 한다.

모임에서 그는 책을 읽고 자신의 떠오르는 생각과 무의식을 사람들과 나누었다. 이 과정에서 부모님과의 관계, 어릴 적부터 억눌려 있던 감정 같은 내면의 불편함 등을 꺼내보고, 슬퍼하기도 했으며, 스스로를 이해하는 시간을 가졌다. 그 과정에서 오래도록 응어리져 있던 이상한 감정들이 해소되었고, 어느 순간 더 이상 자기의 과거를 궁금하지 않게 됐다고 한다. 이 경험은 그에게 감정의 해소와 마음의 치유 이상의 것을 가져다주었다. 그는 "과거의 내가 현재의 나를 어떻게 만들었는지"를 궁금해하며 이를 탐구하는 과정이, 지구의 과거를 연구하며 현재의 지구를 이해하려는 연구와 닮아 있다는 깨달음을 얻었다. 이러한 개인적 성찰과 학문 탐구의 결합은 신진화가 고기후학에 몰입하게 된 중요한 이유 중 하나였다. 그에게 빙하 연구는 단지 학문이 아니라, 자신의 존재와 세상을 이해하려는 깊은 여정이었다.

빙하학자가 사는 법

인터뷰를 시작한 지 어느덧 두 시간이 흘렀다. 작은 인터뷰 공간이 조금 덥게 느껴졌다. 엉뚱한 상상이 머리를 스쳤다. 우리가 내뱉은 이산화탄소 때문일까? 에어컨을 켤지 묻자 그는 부드럽게 손을 저으며 괜찮다고 했다. 가능하면 에너지를 아껴야 하고, 잠깐 문을 열어두면 금방 나아질 거라며. 역시 빙하학자는 다르군요. 나는 살짝 웃으며 장난스럽게 말했다. 그는 미소를 지으며 내 말에 응수했다. 더한 것도 많은데 한번 들어보실래요?

"많은 분들이 지구를 위해 뭘 할 수 있을지 고민은 하지만, 막상 뭘 해야 할지 몰라서 못 하는 경우가 많잖아요. 저도 그런 고민을 했는데, 어느 날부터 그냥 1년 동안 목표를 세워서 하나씩 해보자고 생각했어요. 예를 들면, 탄소 배출을 줄이는 걸 목표로 삼고 행동에 옮기는 거죠. 여행도 그중 하나였어요. 가고 싶은 곳이 있었는데, 이동 과정에서 탄소 배출이 많아질 걸 생각하니 망설여지더라고요. 그래서 대안을 찾아보고, 가까운 곳으로 가거나 교통수단을 바꿔서 이동하기도 했어요. 또 전기 절약을 위해 요즘은 셋톱박스를 꼭 끄는 습관을 들였어요. 아무도 없는 방에 켜져 있는 건 너무 아깝잖아요. 그런데 이걸 두고 어머니랑 약간 실랑이를 벌이기도 했죠. 가족을 설득하는 것도 나름대로 재미있는 과정이었어요. 포장 없이 구매하는 것도 실천 중인데요, 예를 들어 포장재 없이 내용물만 파는 가게를 이용해요. 용기를 재활용해 샴푸를 담거나 쌀, 파스타 같은 걸 담아 사는 거죠. 이렇게 하면 1년 동안 절약되는 자원이나 나무의 양이 꽤 많더라고요. 이런 작은 행동을 대한민국 사람들이 모두 실천한다면 정말 어마어마한 변화를 만들 수 있을 거예요."

이 밖에도 그는 기후위기에 대처하기 위해 개인이 실천

할 수 있는 다양한 방법을 제안하며 구체적인 사례들을 들려주었다. 어느 순간부터 옷을 살 때조차 깊이 고민한다는 그는, 예전과 달리 정말 꼭 필요한 옷인지, 그리고 오래 입을 수 있는 옷인지 곰곰이 생각해본 뒤 신중하게 선택한다고 말했다. 조금 비싸더라도 오래 입을 수 있는 옷을 고르는 것이 결국 더 환경을 지키는 길이라는 그의 설명에 실천의 무게가 와닿았다. 그의 제안은 소비 습관에 국한되지 않았다. 자전거를 타거나 대중교통을 이용하는 방법을 통해, 이동 수단에서 나오는 탄소 배출을 줄일 수 있는 구체적인 아이디어를 전했다. 또한 가전제품을 구입할 때 에너지 효율이 높은 것을 선택한다든가 태양광 패널 같은 재생 가능 에너지를 활용하는 것 역시 중요한 실천이라며, 일상에서 시도할 수 있는 작은 변화의 가능성을 강조했다. 결국 중요한 건 거창한 일이 아니라 지금 당장 실천할 수 있는 작은 행동들이라는 것. 일상의 작은 선택과 노력이 쌓인 결과로 나타날 변화는 우리가 생각하는 것보다 훨씬 클 거라는 그의 말은, 단순한 조언을 넘어 강한 울림으로 들렸다.

    그럼에도 나는 한국처럼 국토가 작고 산업 규모도 상대적으로 작은 나라에서 개인의 기후 행동이 과연 얼마나 의미가 있을지 궁금했다. 전 세계 탄소 배출량의 상당 부분을 차지하는 미국, 중국, 인도 같은 국가들이 적극적으로 움직이지 않는 상황에서, 우리나라에서만 열심히 재활용을 하고 에너지를 절약하는 것이 과연 의미 있는 변화를 가져올 수 있을까? 우리의 행동이 지구환경에 실질적인 영향을 미칠 수 있을까, 아니면 그저 도덕적 실천으로 그치는 것일까?

신진화는 이에 대해 개인의 기후 행동이 작은 실천을 넘어 사회 변화의 강력한 촉매제가 될 수 있다고 설명했다. 그는 이를 투표에 비유했다. 가령 국민의 투표율이 50%일 때와 100%일 때, 정치인들이 느끼는 압박감은 전혀 다르다. 투표율이 높을수록 정치인들은 국민이 자신들의 행동을 더 면밀히 지켜보고 있다고 느끼며, 이는 정책 결정에 중요한 영향을 미친다. 마찬가지로, 많은 이들이 기후에 관심을 갖고 행동에 나선다면, 기업과 정부가 느끼는 압박감 역시 커질 수밖에 없다는 것이다. 그는 이를 "전체 문화를 흔들 수 있는 효과"라고 표현하면서, 개인의 행동이 사회적 패러다임 변화를 이끌어낼 수 있다고 강조했다.

그는 또 하나의 예로 최근 국내에서 확산되는 비건 문화를 들었다. 과거에는 비건 제품의 수요가 거의 없었지만 요즘은 많은 식품 회사가 비건 제품을 출시하고 있다. 이는 개인의 움직임과 문화적 변화가 기업의 마케팅 전략과 제품 생산에 직접적인 영향을 미쳤기 때문이라는 것이다. 기업은 이익이 보장되지 않으면 움직이지 않으므로 이러한 변화는 개인의 요구와 행동이 만들어낸 결과라는 얘기다. 신진화는 개개인의 힘이 직접적 영향력은 미미할지 몰라도 궁극적으로 전체 문화를 바꾸는 데에는 충분히 강력한 힘을 발휘할 수 있다고 말했다.

신진화,

개인의 행동이 문화적인 변화를 이끌기 위해서는 대개 일종의 트리거(trigger)가 필요하다. 환경오염으로 고통받는 자연이나 동물의 모습을 담은 다큐멘터리, 유명 인플루언서나 연예인이 보여주는 비건 식단, 자전거 이용 캠페인이나 지역 커뮤니티의 나무 심기 행사 등이 트리거의 예라고 할 수 있다. 개인의 의지가 모이고 모여 사회로 확산되면 결국에는 새로운 문화로 자리 잡는다.

혹시 신진화의 글쓰기 역시 이와 같은 트리거를 염두에 둔 건 아닐까? 첫 책 『빙하 곁에 머물기』의 출간을 앞둔 그에게 글쓰기에 대해 물었다.

"제가 글을 쓰는 건 저만의 감정과 생각을 표현하고 싶다는 욕구 때문인 것 같아요. 대학생 때 영화를 만든 것도 돌이켜보면 같은 맥락이었죠. 지금은 글을 통해 그런 마음을 해소하고 있어요. 얼마 전에 보도 자료를 읽고 제가 현장에 있는 상황을 상상해서 글을 썼는데, 그 과정이 너무 즐거웠던 기억이 나요. 소설처럼 상상력을 발휘하면서 쓰다 보니 정말 재미있더라고요. 그래서 한번은 이런 생각도 해봤어요. 지구에 관련된 사실적 배경을 바탕으로, 과거와 미래를 넘나드는 상상력을 더해 기후변화 이야기를 풀어보면 어떨까 하고요. 또 제가 직접 겪은 기후변화 에피소드들을 글로 남기는 것도 언젠가는 해보고 싶어요. 사실 이번 책이 이런 형태의 글이긴 하죠. 글을 쓰는 과정이 저에게는 단순한 기록 이상의 의미를 줘요. 또, 세상에 저만의 방식으로 이야기를 전할 수 있는 기회라고 생각하고요. 저로 인해 기후 연구에 관심 있는 사람들이 늘어나면 더 좋겠죠."

이 말을 끝으로 신진화는 이제 과학을 하라고 권하기 어려운 시대가 되었다며 아쉬움을 내비쳤다. 그럼에도 그는 어린 학생들에게 과학자의 꿈을 꾸라는 말을 전하고 싶다고 했다. 과학을 한다는 건 자기만족이 가장 크다면서, 스스로 궁금한 문제를 풀고 미지의 퍼즐을 해결하는 과정에서 느끼는 즐거움은 무엇과도 바꿀 수 없는 쾌감이라고 말했다. 과학을 하면 "먹고살 정도의 돈은 충분히 벌 수 있다"라며 웃음 섞인 진심을 전하기도 했다. 그는 과학을 한다는 것은 단순히 지식의 축적이 아니라 세상을 바라보는 새로운 시각을 열어주는 일이라며, 누구나 한 번쯤 경험해볼 가치가 있다고 미소 띤 얼굴로 말을 맺었다. 그 말은 세상 어디서도 마주하기 힘든, 신비로운 그린란드 설경을 마주하고 온 사람이 한 말이었기에 의심할 수 없는 진심으로 다가왔다.

인터뷰를 마치고 돌아오는 길, 다시 음악이 흘러나왔는데 이번에는 조금 달랐다. 여전히 김동률의 목소리가 플레이리스트에 있었지만, 귀에 들어온 '아주 멀리까지 가보고 싶다'는 노랫말은 이제 과거가 아닌 앞날을 상상하게 했다. 신진화의 말처럼 지구의 과거를 연구하는 일이 결국 미래를 향한 사랑이라면, 지금부터는 나도 기억 조각들이 사라질까 두려워 전전긍긍하는 대신, 다가올 순간들을 궁금해할 수 있을

지도 모르겠다. 머릿속으로 과거가 아닌 아직 완성되지 않은 퍼즐 조각들이 떠올랐다. 신진화가 내게 가르쳐준 건 지구의 과거를 품은 빙하의 고요함이 아니었다. 언젠가 찾아올 계절을 기다리는 설렘 같은 것이었다.

신진화,

양진화, 끓는 물을 연구하는 마음

이론이 얼마나 거창한지는 별로 중요하지 않다.

당신이 얼마나 똑똑한지도 중요하지 않다.

만약 실험 결과와 일치하지 않는다면 그것은 틀린 것이다.

- 리처드 파인만(Richard Feynman)

양진화는 원자로 열수력 실험의 최전선에서 연구하는 과학자다. 한국원자력연구원 책임연구원으로 재직하며 원자력발전의 안전성을 높이는 데 힘쓰고 있다. 학창 시절 원자핵공학을 전공하며 원자로 내 물의 거동과 열전달 현상에 깊이 매료된 그는 실험이라는 가장 직접적인 방법으로 물의 복잡한 상변화를 추적하며 지식을 확장해왔다. 양진화가 이끄는 대규모 실험은 연구소의 거대한 장치들 속에서 열과 물, 증기가 교차하는 순간을 포착하며 원자력발전소의 안전성을 과학적으로 검증하는 중요한 토대를 제공한다.

그의 대표적인 업적 중 하나는 소형모듈원자로 SMART에 적용된 수동격납건물냉각계통의 성능을 실험적으로 입증한 것이다. 이 시스템은 비상 전력 없이도 중력과 자연대류만으로 원자로를 냉각할 수 있도록 설계되어, 후쿠시마 원전 사고와 같은 비상 상황에서도 안전성 확보가 가능하다. 양진화는 증기의 흐름과 응축, 냉각수 주입이 복잡하게 얽히는 비상 상황을 모사하기 위해 거대한 실험 장치를 설계하여 사고 시 증기와 물의 거동을 정밀하게 관찰했다. 그가 실험을 통해 얻은 데이터는 국내외 원자력 안전 설계 기준을 뒷받침하며 세계적인 수준의 안전 연구로 평가받고 있다.

양진화는 자신이 속한 조직과 동료들에게 깊은 애정과 책임감을 품은 과학자이다. 함께하는 사람들과의 약속을 결코 가볍게 여기지 않는 사람이라는 인상이다. 거대한 원자로 실험이라는 집단 작업 속에서 누구보다 무게감 있는 역할을 해내며 책임감을 다져왔기 때문일 것이다. 그는 자신에게 기대되는 바를 누구보다 잘 알고 있으며, 그 기대를 저버리지 않기 위해 끈기 있게 연구를 이어가리라는 믿음을 준다. 그는 복잡한 실험실 안에서 동료들과 함께 데이터를 쌓고 해답을 좇으며, 과학자란 결국 사람들의 안전과 공동의 미래에 대한 책임을 실험으로 입증해내는 존재임을 보여준다.

언제부터인가 '멍 때리기'가 유행이다. 수많은 정보 속에서 살아가는 현대인들에게는 아무 생각 없이 시간을 보내는 순간이 필요하기 때문일까. 사람들은 타오르는 불꽃을 바라보는 '불멍', 잔잔한 물을 보는 '물멍', 숲에서 하는 '숲멍', 향기에 집중하는 '향멍'까지 저마다의 방식으로 멍을 즐긴다. 굳이 나를 분류하자면, 나는 물멍파다. 머릿속이 복잡해질 때면 어김없이 흐르는 강물이나 잔잔한 바다를 떠올린다.

카페에서 우연히 새로운 종류의 '물멍'을 마주했다. 늦은 오후였기에 커피 대신 국화차를 주문해놓은 터였다. 평범한 카페였다면 정수기에서 나온 뜨거운 물에 티백을 넣고 기다릴 틈도 없이 나를 불렀겠지만 이곳은 읽을 수 없는 한자들이 벽을 채운 작은 가게였다. 주문을 받은 주인은 생수를 담은 투명한 주전자를 가스레인지에 올려놓고 자리를 비웠다. 얼마 지나지 않아 물이 끓기 시작하는 소리가 들렸지만 주인이 보이지 않아 하릴없이 끓는 물을 지켜보았다.

작은 기포들은 서서히 수면 아래에서 모여 점점 커지며 솟아오르기를 반복했다. 이윽고 크고 작은 기포들이 물결처럼 요동치며 소용돌이를 만드니 물의 표면 위로 활기 띤 물방울들이 튀어 올랐다. 물은 시간이 흐를수록 더욱 활발한 생명력을 띠었다. 끓는점에 도달한 기포들은 마치 춤을 추듯 물속에서 움직이며 물의 표면을 넘실댔다. 뜨거워진 물방울들이 표면에서 터지며 내는 작은 소리가 카페의 정적을 부드럽게 채워나갔다.

그 광경을 멍하니 바라보다가 문득 이런 생각이 들었다.

'물이 끓는 건 대체 어떤 상태일까?' 단순히 온도가 오르는 일? 아니면, 더 복잡한 움직임과 변화의 연속일까? 그래서였을까. 카페에서 약속 시간에 맞춰 도착한 양진화를 보며 나는 그에게 물멍을 좋아하는지 묻고 싶었다. 열수력 전문가에게 끓는 물은 편안한 풍경일까, 아니면 늘 계산과 분석이 따라붙는 낯선 존재일까. 단단한 체격과 힘 있는 목소리를 지닌 그가 멍 때리는 모습은 좀처럼 그려지지 않았지만, 나보다 더 오래, 더 깊이, 물의 움직임을 들여다본 사람이라는 것은 분명했다.

물은 답을 알고 있다

"다른 물은 모르겠지만 끓는 물을 보고 있으면 흥미롭기는 하죠. 라면 끓일 때만 해도 그래요. 기화에 대한 이론과 원리는 알고 있지만 실제로 기포가 냄비의 어느 쪽에서 올라올지 예측할 수가 없으니까요. 같은 곳에서만 계속 올라오는 것도 아니고요. 물의 거동은 화력에 따라, 냄비 종류와 크기에 따라, 또 어디에서 끓이는지에 따라 매번 달라요."

물의 상변화가 아주 낯선 개념은 아니다. 과학자가 아니더라도 물이 온도에 따라 고체, 액체, 기체로 상태가 변한다는 사실은 경험적으로도 익혔고 교과서에서도 배웠다. 중학교 과학 선생님은 고체 상태의 물(얼음)은 온도가 녹는점 이상으로 올라가면 액체 상태로 변하고 끓는점 이상으로 올라가면 기체 상태로 변한다고 가르쳤고, 고등학교에서는 온도뿐 아니라 압력도 상변화에 영향을 주는 요소라는 정도로 알려줬다. 복잡한 수식을 동반한 문제들은 아니었다. 요지는 기압이 1기압보다 낮을 경우 물의 끓는점은 100℃보다 낮아지고 반대로 1기압보다 높을 경우 끓는점은 100℃보다 높아진다는 것이었다.

100℃에 단순한 숫자 이상의 의미가 있다는 사실은 비교적 최근에 알았다. 장하석은 저서 『온도계의 철학』에서 물의 고정점이 확립되는 과정을 기술함으로써, 특정 개념이 현상 영역 너머로 확장되어 과학의 진보를 이끄는 모습을 드러냈다. 오늘날 우리가 알고 있는 끓는점은 과학자들의 끈질긴 실험과 논쟁의 결과물이었다. 당시에는 물이 끓는 상황에 대해 분명하게 말할 수 있는 게 거의 없었다. 기포는 특정 온도에서만 발생하는 게 아니었고 기포가 발생한다고 온도 상승이 멈추는 것도 아니었다. 과학자들은 물의 끓는점과 어는점을 결정하는 과정에서 거품의 발생 온도, 크기, 물 표면까지의 이동, 끓을 때의 온도 변화 등 다양한 문제들에 맞닥뜨려야 했다.

물론 양진화가 끓는 물의 온도를 재고 있지는 않을 것이다. 나는 그가 한국원자력연구원에서 중소형 원자로를 대상으로 하는 열수력 실험을 한다고 알고 있었지만, 그 이상 구체적인 내용은 알지 못했다. 그에게 정확히 무슨 연구를 하고

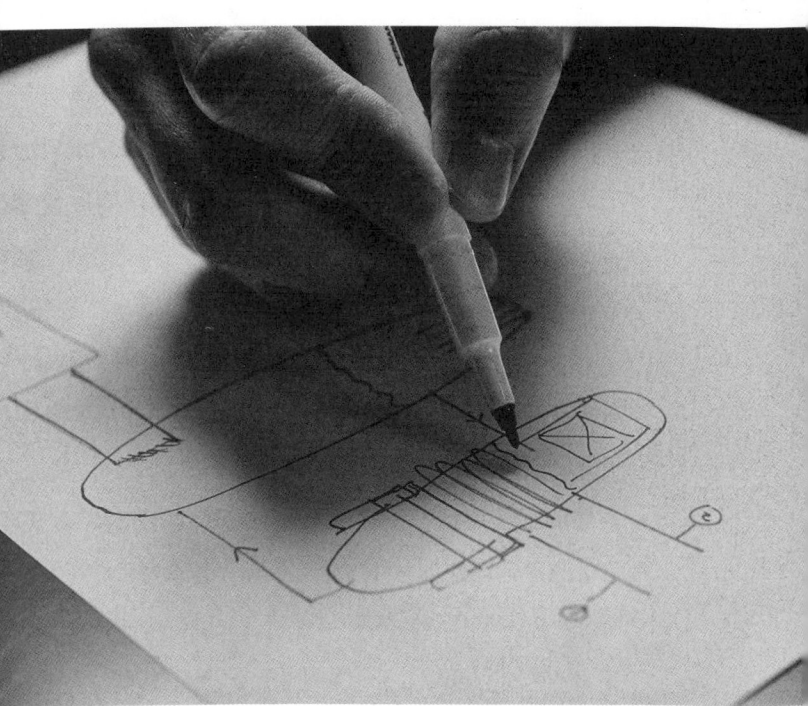

양진화,

실제로, 냉각수 한 방울이 부족할 때 전체 시스템은 설계와 이론을 무력화시키며 무너질 수 있다. 후쿠시마 사고가 바로 그 사실을 보여준다. 복잡한 설비와 화려한 기술 너머에, 결국 '물을 어떻게 다룰 것인가'라는 가장 기본적인 질문이 남는다.

양진화는 가방에서 종이와 펜을 꺼내 간단한 도형과 화살표를 그리며 원자력발전의 원리와 함께 그 속에서 물이 얼마나 중요한 역할을 하는지를 설명했다. 이를 위해 예로 든 것이 2011년 3월 일본 도호쿠 지방에서 대지진과 해일로 촉발돼 발생한 후쿠시마 원전 사고다. 당시 방사능이 대기와 바다로 누출되며 세계에 충격을 안긴 이 사고는 체르노빌 원전 사고와 함께 국제 기준상 가장 높은 7등급, '심각한 사고'로 분류되었다.

후쿠시마 원전 사고는 수많은 공학적 요소와 구조적, 조직적 문제가 뒤엉킨 사고여서 그 전개 과정과 원인을 단순하게 규정하기가 어렵다. 양진화 역시 이에 관련한 다양한 문제점을 짚어가면서 그중 냉각 시스템이 제대로 작동하지 않은 점을 핵심으로 꼽았다. 쓰나미로 발전소가 침수되어 비상 발전기가 제대로 작동할 수 없었기에 원자로 냉각을 위한 냉각수 주입 펌프 가동이 불가능해졌고, 이에 따라 냉각수가 급속히 증발하여 원자로 내부 온도와 압력이 상승했다. 원전 전원 완전상실 사고(station black out)가 발생한 것이다.

모든 냉각수가 증발할 경우 나타날 결말은 예상 그대로

였다. 노심 온도가 상승하면서 방호벽인 펠릿과 피복관이 고온에 녹아내렸고, 20cm 두께의 철제 원자로 압력 용기마저 녹아내리면서 구멍이 뚫려 핵연료가 공기 중에 확산되고 말았다. 원자로를 식혀줄 냉각수, 즉 물이 제대로 공급되었다면 일어나지 않을 사고였고 실제로 후쿠시마 5, 6호기에서는 공기냉각으로 작동하는 비상디젤발전기가 가동하여 비상노심 냉각이 가능했다.

"후쿠시마 원전 1호기에서는 전력 공급이 제때 이루어지지 않으면서 원자로에 물을 넣어주는 펌프가 작동을 하지 못해 중대 사고가 일어난 것입니다. 그렇다면 다음과 같은 질문을 할 수 있겠죠. 그럼 전기가 필요하지 않은 방식으로 물을 넣으면 되지 않을까? 결국 원자력발전소 안전은 원자로의 열을 어떻게 식히는지에 달려 있으니까요. 저를 비롯한 원자력 안전 연구자들은 이 질문의 답을 찾고 있습니다. 주로 자연대류나 중력 등을 이용하여 설계기준사고(원자력발전소 설비가 설계 기준을 맞추기 위해 설비의 설계 시 고려하여야 하는 사고) 발생 후 72시간 동안 운전원 조치나 비상디젤발전기의 도움 없이 작동하는 안전계통을 설계하고 있어요. 중력을 이용하여 냉각수를 주입하는 피동안전주입계통(Passive Safety Injection System, PSIS)으로 설계된 SMART나, 자연 순환을 이용한 i-SMR의 다양한 피동안전계통(Passive Safety System, PSS) 등이 여기에 해당해요."

실험하는 과학자

물을 이야기하던 양진화는 자연스럽게 본인의 연구 활동으로 대화를 이어나갔다. 앞서 언급된 SMART나 i-SMR은 모두 국내에서 설계했거나 개발 중인 소형모듈원자로[*]에 해당하는 것들이다. 그는 연구소에서 일을 시작한 이후 주로 소형원자로 안전성 측면의 연구를 해왔다고 설명했다.

연구에는 다양한 형태가 있다. 이론을 개발하거나 수정할 수도 있고, 다량의 데이터를 다루는 통계 연구도 있다. 코딩을 통해 프로세스를 모델링하거나 정교화할 수도 있다. 그에게 어떤 형태의 연구를 말하는 것인지 물었더니 주저 없는 대답이 돌아왔다. 자신은 실험을 하는 사람이라고.

"우리가 학생 때 책상에서 하던 작은 실험은 아니에요. 100억 이상, 200억가량 이상의 비용을 들여서 만든 큰 규모의 장치들에서 하는 실험이죠. 국가 연구소 수준에서만 할 수 있다고 봐도 무방할 거예요. 적어도 열 명 이상의 사람들이 함께 준비해서 장치를 고안하고 실험을 수행해요. 2~3주간 장치를 준비하고 데이터를 얻는 데 적어도 2주가 걸리는데 한 번에 원하는 값을 얻지 못

---

[*] 소형모듈원자로(Small Modular Reactor, SMR)는 전기출력 300MW 이하의 전력을 생산할 수 있는 원자로로, 하나의 용기에 냉각재 펌프를 비롯한 원자로·증기발생기·가압기 등 주요 기기를 담아 일체화시킨 덕분에 대형 원전 대비 경제성이나 안전성이 낫다는 기대를 받고 있다. SMART는 1997년부터 한국원자력연구원에서 개발해온 중소형 원자로로, 대형 원전의 10분의 1 수준의 일체형 가압경수로이며 2011년 'SMART 표준설계'와 기술검증을 완료하고 2012년 일체형 원자로 중 세계 최초로 표준설계인가를 획득하였다. i-SMR은 SMART의 원천 기술과 첨단산업 기술 등을 도입하여 개발 중인 혁신형 소형모듈원자로를 가리킨다.

할 수 있으니까, 적어도 두 달에 한 번 정도 결과를 쓸 수 있는 실험이라고 해야 할까요."

양진화는 SMART 원자로에 도입된 피동격납용기냉각계통(Passive Containment Cooling System, PCCS)의 성능을 검증하는 실험을 수행했다고 한다. 그가 설명한 피동격납용기냉각계통은 원자로 안에서 사고가 발생했을 때 냉각수 주입이 불가능한 상황을 가정하고 설계된 것이다. 배관이 파단되면 증기가 격납용기로 빠져나가고 그 증기를 수조에 직접 응축시켜 격납용기의 온도와 압력을 낮추는 방식이다. 동시에 방사성물질이 함께 유출될 경우, 이를 수조 안에서 용해시켜 외부 유출을 막는 역할도 한다.

원자로 연구에서 이 실험이 중요한 이유는 단순한 기술 검증을 넘어서기 때문이다. PCCS는 평소에는 아무 일도 하지 않고 사고가 발생했을 때에만 작동하지만, 그 순간만큼은 반드시 제대로 기능해야 하는 시스템이다. 단 한 번의 실패가 곧 치명적인 사고로 이어질 수 있기 때문이다. 말하자면, 이 실험은 원자로 안전을 위한 필수적인 시험대인 셈이다.

이를 실제로 검증하기 위해 그는 동료들과 함께 SISTA라는 이름의 실험 장치를 만들었다. SMART 원자로에서의 구조를 축소한 장치이지만, 핵심 부분인 높이는 실제와 동일하게 맞췄다. 덕분에 실험 장치의 높이는 무려 30미터에 달했다. 눈앞에 펼쳐지는 그 구조물은 실험 장치라기보다 독립

된 건축물에 가까웠다.

　　이 장치를 통해 모사하려는 것은 사고 발생 직후의 상황이다. 증기발생장치에서 15MPa(기압의 약 150배)에 달하는 고압 증기가 대기압 상태의 기기로 주입될 때, 어떤 일이 벌어질까? 기체는 액체로 변하며 열과 압력을 바꾸고 공간을 이동한다. 중요한 것은 이 모든 변화가 예측 가능한가 하는 점이다.

거짓말을 하는 법칙들

양진화는 말했다. "실험이 필요한 이유가 바로 거기에 있어요. 이론적으로는 계산할 수 있지만 실제로는 알 수 없죠. 증기가 응축되는 시점, 온도, 양 같은 요소는 변수 하나만 바뀌어도 크게 달라져요."

　　실험에 대한 그의 인식은 과학 법칙 자체의 한계에 대한 통찰과 연결되어 있다. 사실 과학 법칙이란 실제 세계를 정확히 기술하는 진리가 아니라 이상화된 조건 아래서만 성립하는 모델에 불과하다. 예컨대 중력 법칙은 마찰과 공기 저항이 없는 공간을 전제로 한다. 현실에서 그런 공간은 존재하지 않는다. 이들은 오직 '세테리스 파리부스(ceteris paribus)' 즉 '다른 모든 조건이 동일할 때'에만 현상을 옳게 기술한다. 반면 실제 세계는 단단하고 필연적인 원칙보다는 수많은 존재자와 힘이 얽혀 있어 어지럽고, 조직되어 있지 않다.

양진화는 실험실을 불확실성이 가득한 곳이라고 표현했다. 그는 원자력발전소에 적용되는 이론들이 완전하지 않을 수도 있지만 지배방정식이 있다 하더라도 현상을 기술하기에는 엄청나게 큰 불확실성이 있다고 했다. 과거 실험 데이터를 기반으로 모델을 만들었더라도 조건이 조금이라도 달라지면 예상한 결과와 측정값에서 차이가 발생하는 경우는 흔한 일이다. 물과 증기는 물리적 특성상 그 정도가 더욱 심한 물질이라고 설명했다.

"물이 끓으면 증기가 되잖아요. 그렇다면 증기는 어떤 온도와 압력에서는 다시 물로 바뀌어야 하죠. 이론적으로는 계산할 수 있어요. 그런데 증기는 순수한 H_2O로만 이루어져 있지 않아요. 수소, 질소처럼 공기 중에 있는 다른 원소들도 섞여 있죠. 이렇게 되면 비응축 기체가 존재하게 되는데 이 기체는 열전달을 방해해서 물이 응축되는 것을 방해해요. 계산으로 예측된 온도에서 증기가 물로 변하지 않게 하는 거예요. 상황을 초월하여 이 값을 정확히 계산하는 법칙이나 방정식은 존재하기 어렵죠. 원자로 사고 시 냉각수의 비등, 수증기의 유동 및 응축 등 여러 열수력 현상이 발생하기에 이에 대한 정확한 이해가 중요합니다. 원자로 건물의 설계 및 원자로 건물을 보호하기 위한 안전장치의 최적 설계에 반영할 수 있거든요."

모델을 더 정교하게 만들기 위한 양진화의 연구에서 거

대한 실험 장치는 필수적이다. 이를 수정·분석하려면 유사한 상황을 재현한 실험이 여러 차례 필요하고, 결과 역시 다양한 관점에서 해석되어야 한다. 통제된 환경에서는 원하는 결과가 비교적 쉽게 도출될 수 있지만, 실제 원자력발전소처럼 복잡한 조건에서도 동일한 결과를 예측할 수 있는지는 별개의 문제다. 그래서 연구소에서 수행하는 대규모 실험을 통해 데이터를 확보하고 모델을 반복적으로 수정하는 과정이 원전의 안전성을 확보하는 데 핵심적인 역할을 하는 것이다.

시간이 얼마나 흘렀을까. 양진화 역시 주문한 차를 거의 다 마신 것 같았다. 잠시 쉴 겸 그와의 대화를 멈추고 가게 주인에게 다가가 따뜻한 물을 더 줄 수 있는지 물었다. 주인은 아무렇지 않은 표정으로 고개를 끄덕이며 주전자를 내밀었다. 생각난 김에 벽에 적힌 한자가 무엇인지 물었더니 소동파의 시 「試院煎茶(시원전다)」라고 했다. 시원은 과거를 치르던 곳이니 시험장에서 차를 끓이는 모습을 묘사한 작품이었다. 첫 구절은 이러했다.

> 蟹眼已過魚眼生(해안이과어안생)
> 颼颼欲作松風鳴(수수욕작송풍명)
> 게의 눈을 지나 물고기 눈이 나오니
> 쐐쐐 솔바람 같은 소리가 곧 나리라

가게 주인의 설명에 따르면 옛사람들은 물의 끓음에도

단계가 있다고 생각했는지, 처음에 끓는 물이 내는 거품은 게의 눈과 같은 모양이고 그다음은 물고기 눈과 같다고 표현했다. 그러고 나서 차를 우려야 가장 향기롭단다. 미각이 둔한 나로서는 확인할 길이 없는 말이었지만 꽤 멋진 표현이라고 생각했다.

자리로 돌아와 양진화에게 이 시구를 전하며 그래서 연구를 통해 얻으려는 결과가 원자력발전소에서 끓는 물이 게의 눈인지 물고기의 눈인지 확인하는 거냐는 우스갯소리를 했다. 놀랍게도 그는 어쩌면 비슷한 것일 수도 있겠다고 답했다.

> "만약 기포가 특정 조건에서 게나 물고기의 눈 모양이라는 과학 이론이 있다면 우리가 하는 일은 그게 실제로 그런지 실험을 통해 확인하는 것이겠지요. 어느 온도와 압력에서 기포가 생기고 달라지는지 확인하는 겁니다. 원자력발전소에는 수많은 이론이 있어요. 아주 일부의 계통이라고 하더라도 마찬가지입니다."

양진화는 이론이 실재를 모두 설명하지 못한다고 말한다. 그는 이론이 현상을 기술하려는 시도일 뿐, 그 자체로 완전하지 않다는 것을 실험을 통해 매일 경험한다. 발전소는 복잡한 계통이 얽힌 구조물이며 수많은 이론이 중첩되어 동시에 작용하는 곳이다. 각각의 이론이 무엇을 설명하는지조차 불분명한 순간 결국 의지할 수 있는 것은 실험뿐이다.

그의 말에는 반복되는 좌절의 기억이 아니라 현실을 기

꺼이 다시 들여다보는 태도와 끊임없이 수정하고 되묻는 겸허함이 깃들어 있었다. 물이 게의 눈인지 물고기의 눈인지 확인하는 일조차 정밀한 탐색의 결과임을 그는 알고 있었다. 과학은 법칙 위가 아니라 언제나 조건 위에서 작동하는 것이라는 사실을, 그는 실험이라는 행위로 매일 새로 배워가는 듯했다.

지위 게임

거대한 장치를 둘러싼 실험실 작업은 그 구성만으로도 흥미로웠다. 그가 참여하는 실험들은 보통 열 명의 인원이 한 팀이 되어 진행된다. 팀은 연구원과 기술원이라는 서로 다른 직군이 각각 대여섯 명으로 구성되며, 역할도 분명하게 나뉜다. 연구원은 실험의 계획 및 장치 설계, 일정 조율, 예산 조달, 연구 제안서 작성, 결과 분석, 논문 작성, 발표 등을 맡고, 기술원은 실험 장치의 설치, 운영, 유지와 관련된 실질적 작업을 담당한다. 전기를 연결하고 장치를 제작하거나 개선하며, 물을 채우고 끓이는 일 등도 기술원의 몫이다. 연구원 중 한 사람은 과제 책임자로서 팀 전체를 조율하고 회의를 주관한다.

    SISTA 관련 실험에서 양진화는 이러한 연구의 전 과정을 함께했다. 그는 이 작업이 철저한 협업을 전제로 한 일이며, 혼자서는 결코 해낼 수 없는 형태의 연구라고 강조했다. "열 명이 같이 공동의 일을 하고, 그 결과로 얻은 데이터와 성과는 모두의 노력으로 만들어진 것"이라고 그는 말했다.

양진화에게 실험실 이야기를 들으며 문득 떠오른 것은 프랜시스 베이컨의 '솔로몬의 집'이었다. 베이컨이 묘사한 가상의 과학 연구소에는 다양한 역할을 맡은 사람들이 모여 정보를 수집하고, 실험을 설계하고, 결과를 해석하는 장면이 나온다. 그 협업 구조는 마치 오늘날의 대형 과학 프로젝트를 미리 예언한 듯했다. 양진화의 작업 역시 실험 하나를 위해 열 명 남짓한 사람들이 팀을 꾸려 수개월간 일정을 함께 짜는 일이다. 실험을 설계하는 연구원과 장치를 조립하고 운용하는 기술원이 각자 전문성을 발휘해 역할을 분담하고, 모든 결과는 함께 만들어낸다. 단 한 명의 이름으로 대표되지만 실험의 실체는 철저히 공동 작업이다.

그는 무엇보다 중요한 협업의 조건으로 '전문성에 대한 상호 존중'을 꼽았다. 누구도 모든 과정을 혼자 감당할 수 없기에 각자의 역량을 신뢰하고 존중하는 분위기가 없으면 연구는 제대로 작동하지 않는다는 것이다. 이러한 맥락에서 양진화가 생각하는 최고의 칭찬은 '함께 연구하고 싶은 사람'이다.

> "하나의 실험을 진행하는 데 있어 구성원 모두는 각자의 분야, 맡은 분야에 본인의 전문성이 있습니다. 일단 이 점에 대한 구성원들 간의 인정과 존중이 중요해요. 만약 누군가 자기의 능력만을 과신하여 동료를 존경하지 않거나 성과를 독차지하겠다는 태도를 보인다면 함께 일하고 싶지 않거든요. 같이 일하고 싶지 않

양진화,

은 마음이 든다면 연구가 제대로 진행될 리 없고요. 말씀드린 것처럼 혼자는 할 수 없어요. 우리의 연구는 특정 개인을 위한 것이 아니에요. 오랜 기간 다 함께 씨를 뿌리고 거름을 주고 가지를 쳐 가면서 수확한 열매를 나눠 갖는 것에 가깝습니다. 그래서 저는 무엇보다 같이 연구하고 싶은 사람이 되고 싶어요."

'수확한 열매를 나눠 갖는다'라는 표현이 구체적으로 무엇을 의미하는지 궁금했다. 과학계의 결과물은 대부분 논문이라는 형식으로 남는다. 그리고 그 논문에서 제1저자는 언제나 한 사람뿐이다. 대표로 이름이 앞에 적히는 사람, 그 무게와 책임을 짊어지는 자리를 맡게 되는 것이다.

양진화 역시 그 현실에 동의했다. 하지만 그는 대형 실험에서는 그 구조가 단순하지 않다고 설명했다. 하나의 실험이 만들어내는 데이터는 방대하고, 그로부터 파생되는 연구 주제 또한 여러 갈래로 나뉜다. 분석 방향이 달라지면 논문도 달라지고, 그때마다 중심에 서는 연구자도 달라지는 것. 각자의 기여와 역할이 실험 설계 단계부터 분명히 나뉘기 때문에, 연구자들은 자연스럽게 자신이 책임질 수 있는 주제를 골라 자기 이름으로 연구를 완성하게 된다.

결과적으로, 협업은 이름을 나누는 일이 아니라 책임을 나누는 일이라는 걸 그는 강조했다. 이런 구조는 단순히 '성과의 분배'를 넘어서, 연구자 각자가 자기 자리에서 자율적으로 움직일 수 있게 하는 내적 동력이 된다. 바로 그 지점에서,

양진화가 말한 '열매를 나눠 갖는 연구'는 추상적 이상이 아니라 연구 현장에서 실제로 작동하는 원리로 읽혔다.

성과가 공정하게 배분되도록 설계된 과학의 협업 구조는 겉보기에는 이상적이다. 하지만 그 안에도 여전히 이름, 순서, 책임, 영향력의 미묘한 무게 차는 존재한다. 그 기준이 무엇이냐는 질문은 결국 다른 주제로 이어진다. '왜 연구하는가?'라는 근원적인 물음. 그리고 그 답은 종종 '인정'이라는 단어로 수렴된다.

양진화는 이 질문에 솔직하게 답했다. 연구도 일종의 '지위 게임'이라고. 그가 언급한 '지위 게임'은 영국의 저널리스트 윌 스토가 동명의 책에서 소개한 개념이다. 인간은 타인에게 영향력을 행사하고 싶고, 존경과 추앙, 혹은 단순한 추종을 받는 위치에 오르고 싶어 한다. 그것이 사회적 지위다. 스토는 "사람들은 체면 때문에 이 말을 잘 꺼내지 않는다"라고 썼기에 양진화의 답은 오히려 신선하게 들렸다.

> "열심히 연구를 하는 이유 중 하나는 분명 인정에 대한 욕구에 있어요. 제가 몸담은 집단이나 그보다 더 큰 공동체, 예를 들면 국내 학회일 수도 있고, 더 나아가 해외 연구자들 사이에서 인정을 받고 계속 업적과 명성을 쌓아가기 시작하면 저는 어떤 문제가 생겼을 때 그 문제를 해결할 수 있는 최적의 위치에 있는 사람이 되는 거죠. 기분 좋은 일이에요. 그런데 이건 인정의 문제이기도 하지만 존재 그 자체의 문제이기도 해요. 그렇지 못한 사람은 도

태되고 사라지기 마련이거든요. 저는 제가 하는 일이 가치가 있었으면 좋겠고, 그 가치를 인정받기를 바라요."

보상이 없는 학회 활동에 오랜 시간 투신하는 연구자들도 어떤 의미에서는 그 집단 내에서 위상을 얻기 위해 노력하는 것이라고 그는 말했다. 스스로를 낮추고 헌신하는 모습조차 결국은 '지위 게임'의 전략이라는 것이다. 영향력은 단지 실적이나 실험실 성과만으로 쌓이지 않는다. 그는 평판, 관계, 존중, 팀워크 같은 말을 자주 꺼냈고 그 안에서 과학자의 진짜 무게가 결정된다고 믿는 듯했다.

우리의 실험, 우리의 믿음

흥미로운 점은 그가 지위를 언급하면서도 동시에 정작 가장 자주 말한 단어는 '우리'였다는 사실이다. '우리의 실험' '우리 집단의 역할' '우리의 성과'. '나'의 업적을 말할 때조차 그는 함께한 사람들을 먼저 떠올렸다. 그의 이러한 소속감은 어디서 왔을까. 단순히 협업이 중심인 실험 환경에 기인했을까? 아니면 원자력이라는 국가산업에 몸담은 사람으로서 자연스럽게 체득한 책임감일까?

양진화는 '지위'라는 단어를 솔직하게 사용했지만 그에게 그것은 단순히 높은 자리를 뜻하는 말은 아니었다. 오히려 그가 말한 지위는 자신이 있는 자리에서 책임을 다하는 상태, 주어진 일에 최선을 다하는 태도에 가까웠다. 그리고 그 마음은 그의 성장 과정 속에서 형성된 듯했다.

그는 학창 시절 수학과 과학을 좋아했지만 자신이 원자력공학자가 되리라고는 생각해본 적이 없었다. 전공은 우연히 정해졌다. 정확히 말하자면 어떤 결심보다는 수능시험 성적과 멋있어 보이는 학과 이름으로 선택한 전공이었다. 그렇게 진학한 학과에서 처음 몇 학기는 스스로도 방향을 알 수 없었다고 말했다. 학과 행사에는 잘 나가지 않았고 과 친구들보다 고등학교 동문들과 더 자주 어울렸다. 선을 긋고 지내려 한 건 아니었지만 늘 어딘가 한 발짝 떨어져 있는 느낌이었다.

그 시절 그의 마음을 가장 세차게 바꿔놓은 건 가정의 사정이었다. 아버지의 사업이 어려워졌고 집안 분위기는 눈에 보일 정도로 기운이 빠져 있었다. 그에게는 철없을 여유가 없었다. 자신이 흔들리는 걸 부모님이 알면 안 된다는 생각이 마음속에 자리를 잡았다. 그때부터 그는 선택한 자리에서 흔들리지 않는 법을 배워야 했다. 그러다 들어간 학군단에서 대대장 후보생으로 뽑혔다. 매일 이른 아침 운동장에서 후임들을 모아 훈련을 시작하고 실습과 행정 사이를 오가며 병력 관리를 했다. 그는 점점 자신이 속한 집단을 자신이 기대는 자리가 아닌, 누군가가 기대어 설 수 있는 자리로 만들어가고 있었다.

그 이후로는 무엇을 맡든 가볍게 넘기지 않았다. 학회든 연구회든 이름이 적힌 자리 앞에서는 맡은 일을 어떻게든 해내려는 자세를 자연스럽게 배워갔다. 그 과정에서 '나의 실험'이라는 말은 점점 '우리의 실험'이라는 말로 바뀌었다. 그에게 '우리'는 협업을 위한 언어가 아니라 생존처럼 익힌 책임의 감각이었다. 자신의 이름이 크지 않아도 괜찮았다. 그가 속한 팀이 잘되고 공동체가 앞으로 나아간다면, 거기서 자신도 함께 의미를 갖는다고 믿는 마음이었다.

그래서 그는 꿈이나 목표가 화려하지 않아도, 자신이 하는 일이 주변 사람들에게 조금이라도 도움이 되기를 바란다. 그것이 한 실험의 성공일 수도 있고, 동료의 성장을 위한 조언일 수도 있다. 그런 그의 태도는 자연스레 더 큰 공동체, 더 먼 곳으로 시선을 넓혔다. 그가 속한 연구실을 넘어 그 실험 결과가 흘러 들어가는 산업 전체인 원자력 분야도 이에 해당한다.

양진화는 외국의 연구 환경과 한국의 현실을 비교하며 자신이 속한 과학기술 공동체를 향한 애정을 조용히 드러냈다. 미국은 기초연구의 폭이 넓고 소형원자로 분야에서도 선두를 달리고 있지만, 그가 지금 하고 있는 것처럼 거대한 실험 장치를 이용한 현장 연구는 상대적으로 드물다고 했다. 높은 인건비와 복잡한 행정 구조 탓에, 실제 장비를 운용하는 실험은 제한적이라는 것이다.

중국은 또 다른 풍경이다. 자본과 국가 주도의 강력한 추진력 덕분에 연구자들이 상상하는 거의 모든 실험 장치를

실제로 구현해내는 느낌이라고 했다. 규모 면에서는 위협적이지만, 아직까지는 자국 중심의 데이터와 결과 해석 면에서 한계가 있다고도 덧붙였다.

> "그래도 위기감은 있어요. 우리도 더 열심히 해야죠. 그렇지만 저는 우리가 해온 연구가 세계 어디에 내놓아도 뒤지지 않는다고 생각해요. 그만큼 잘해왔다고 믿어요. 앞으로도 그럴 수 있기를 바라고 있고요."

그의 말은 단순한 애국심이나 경쟁의식에서 나온 것이 아니었다. 자신이 속한 연구 공동체가 얼마나 치열하게 일하고 있는지를 알고 있기 때문에, 스스로에게 다짐처럼 건네는 말이었다. 누구보다 가까이에서 함께 고생하고, 설계하고, 수정하고, 반복한 실험들을 그는 기억한다. 그래서 그의 말에는 이상보다 축적된 신뢰가 담겨 있다.

물론 양진화는 자신이 몸담은 원자력 분야가 때때로 과학이 아닌 정치의 언어로 다뤄지는 현실도 잘 알고 있다. 정책이 바뀌고 예산이 줄어들 때마다, 그는 자신의 연구 영역이 사회에서 환영받지 못한다는 느낌을 받곤 한다. 더 안전한 기술을 만들기 위해 애쓰지만 그 노력마저 외면당한다고 느낀 순간이 분명히 있었다. 그럼에도 그는 흔들리지 않는다. 지금은 드러나지 않더라도 언젠가는 이 일이 꼭 필요한 순간이 오리라는 믿음, 그리고 그 순간에 누군가가 '이들이 해온 일이 의미 있었구나'라고 말해줄 거란 작은 확신이 있다. 그 믿음이 그를 다시 밤낮 가리지 않고 실험실을 향해 걸어가게 만든다.

어려워도 즐길 수 있다면

요즘 우리나라에서 원자력에너지는 많은 관심을 받는 분야이기에 양진화에게 묻고 싶은 것이 많았지만 약속된 시간이 훌쩍 넘어 더 붙잡고 있기가 어려웠다.

그에게 이 인터뷰가 누구에게 닿으면 좋겠는지 묻자 그는 이 글을 언젠가 아내와 자녀, 그리고 동료들이 읽어보기를 바란다고 말했다. 가족들이 이 글을 통해 자신이 어떤 마음으로 일하고 있는지 알 수 있다면 조금 더 서로를 이해하고 위로할 수 있지 않을까 하는 소망이었다. 아이들에게 지금은 아니더라도 먼 훗날 아버지의 삶을 보여줄 수 있는 조각 같은 글이 되었으면 했다.

그는 팀원들이 이걸 본다면 부끄러울 것 같다며 웃었지만, 그럼에도 이 기록을 남기고 싶은 이유는 긴 시간 함께해 온 직장, 함께 실험을 수행한 사람들, 그리고 이 공동체에 대해 자신이 품은 생각을 언젠가는 동료, 후배 들과 나누고자 하는 마음에서였다. 덧붙여 다음 세대를 위해, 연구자가 갖추었으면 하는 태도를 말했다.

"어려운 일이 있어도 즐겁게 할 수 있다면 잘 맞는 거예요. 실험은 늘 오류가 있고 오래 걸리거든요. 쉽게 포기하지 않고 버틸 수 있는 성향이라면 꼭 한번 도전해보라고 하고 싶어요. 연구자가 반드시 번뜩이는 아이디어를 가진 사람일 필요는 없어요. 어떤 이는 묵묵한 성실함으로, 어떤 이는 리더십으로, 또 어떤 이는 날카로운 통찰로 연구할 수 있거든요."

게다가 원자력은 이제 더 이상 특정 전공자의 울타리에 갇힌 분야가 아니다. 요즘은 AI도 필요하고, 빅데이터도 필요하고, 기계, 전기, 재료, 심지어 인문사회학적 통찰도 중요하다. 그는 배경이 각기 다른 사람들이 모여 서로를 보완하고 예상하지 못한 방식으로 더 나은 해답을 찾아가는 과정을 소중히 여겼다. 분야 간 경계를 허물고 자유롭게 교류하는 연구 문화는 그가 오랫동안 실험실 안에서 익혀온 태도이자 앞으로 더 넓게 퍼져야 할 과학의 자세였다.

대화를 마친 뒤, 그에게 다음 일정을 물었다. 그는 다시 연구실로 돌아가야 한다며 멋쩍게 웃었다. 이번 주 안에 끝내야 할 실험이 남아 있다는 것이다. 저녁마다 데이터를 정리하고 논문을 쓰는 일이 일상인 것처럼, 그의 말투는 담담했다. 늦은 시간의 작업이 안쓰럽게 느껴졌지만, 혼자가 아니라는 말에 조금은 안심이 되었다. 과학자의 하루는 그렇게 계속되고 있었다.

김준, 유전체를 연구하는 마음

혁명적인 변화를 몰고 오는 패러다임의 변화가
통찰력에서 나올 때도 간혹 있지만, 훨씬 많은 경우는
과학기술의 적용에서 시작된다.

- 데릭 프라이스(Derik Price)

김준은 '예쁜꼬마선충' 연구로 이름을 알린 생물학자다. 그는 선충 행동 연구의 권위 있는 연구자인 서울대학교 이준호 교수 연구실에서 예쁜꼬마선충 연구로 박사학위를 받았고, 선형동물에서 텔로미어 DNA 진화가 일어났음을 세계 최초로 밝혀내 2023년 유전체 분야의 국제 학술지 『게놈 리서치(Genome Research)』에 논문을 발표했다. 졸업 후 서울대학교 기초과학연구원, 한국생명공학연구원을 거쳐 현재는 충남대학교 생명정보융합학과 조교수로 재직하고 있다.

      김준은 글을 쓰는 과학자이기도 하다. 그는 저서 『쓸모없는 것들이 우리를 구할 거야』를 통해 예쁜꼬마선충의 가치와 애정을 드러냈을 뿐 아니라 최저임금에 가까운 월급을 받으면서도 밤낮으로 연구하며 미래를 고민하는 대학원생의 삶을 생생하게 보여주었다. 그의 글은 웹사이트 생물학연구정보센터(BRIC)에 게재한 '선충의 텔로미어 진화' 연구 후기에서 이미 화제가 되었다. "이 연구는 신림동 꼭대기 쪽 자취방 뒤에 있던 감나무에서 시작됐습니다"로 시작하는 그 후기는 과학 커뮤니티를 넘어 페이스북 등 SNS에서 이목을 끌었다.

      김준을 실제로 만나보면 유쾌하고 매력적인 사람이라는 것을 단박에 알 수 있다. 그의 목소리 톤과 대화할 때 쓰는 몸짓은 눈부시리만치 쾌활한 기운이 넘친다. 또 그는 솔직하다. 어떤 주제든 대화에 막힘이 없고 본인의 생각을 말하는 데 주저하지 않는다. 이런 성향 덕분인지 그는 시민과학 활동 및 변화를 꿈꾸는 과학기술인 네트워크(ESC) 회원 활동을 통해 다양한 사람들과 활발하게 소통하고 있다.

공간은 우리에게 말을 건넨다. 기민한 추리력을 지닌 자가 아니더라도 공간 속 사물의 종류와 배치, 냄새 등으로 그곳에서 지내는 사람의 취향이나 성격 등을 짐작할 수 있다. 사람들은 자신이 머무는 공간을 아무렇게나 결정하지 않는다. 의식적이든 무의식적이든 선택이 이루어진 결과이다. 사물도 마찬가지다. 셜록 홈스의 말처럼, 어느 타자기 두 개도 똑같지 않다[*]. 아주 새로운 것이 아니라면, 완전히 똑같이 눌린 글자는 없는 법이다. 입력한 사람에 따라 어떤 글자는 다른 글자보다 더 세게 눌리고, 어떤 글자는 한쪽으로만 적힌다.

아무도 없는 연구실 문을 열었을 때 가장 먼저 눈에 띈 것은 바닥에 아무렇게나 놓인, 10kg 원판이 양쪽에 하나씩 끼워져 있는 바벨 봉이었다. 묵직한 쇳덩어리는 이 공간에 머무는 자에 대해 속삭였다. '이곳의 주인은 30kg은 가볍게 들어 올릴 정도의 근력을 지녔어, 틈틈이 운동을 해야 할 만큼 여기서 많은 시간을 보내고 있지.' 아마도 그는 연구실을 자기 집처럼 편하게 여기고 있을 것이다. 어쩌면 집에 가는 날보다 밤을 지새우는 날이 많을지도 모른다.

열 평이 채 되지 않을 크기의 연구실은 임시 가림막에 의해 두 구역으로 나뉘어 있었다. 왼쪽에는 컴퓨터가 놓인 책상 세 개가 두 줄로 배치되어 있었고, 오른쪽 구역에는 상대적으로 넓은 책상 위에 모니터 두 대와 키보드, 마우스, 몇 개의 음료와 과자 봉지가 있었다. 의자가 두 개인 것이나 개인 공간의 크기로 보아

---

[*] 아서 코난 도일, 『셜록 홈즈의 모험』, 박상은 옮김, 문예춘추사, 2012.

이 구역이 김준 교수의 자리인 듯했다. 짐작건대 연구는 주로 컴퓨터로 하고, 함께 일하는 대학원생과는 사적으로나 공적으로나 격의 없는 대화를 나눌 것 같았다.

하지만 특이하게도 실험 장치나 도구는 보이지 않았다. 쉽게 눈에 띌 거라 예상했던 '예쁜꼬마선충'도 보이지 않았다. 연구실 내부에 내 눈에 낯선 것이라곤 하나도 없었다. 분명 어디엔가 있을 거라고 믿었다. 그는 예쁜꼬마선충 연구로 알려진 과학자니까. 내가 그를 알게 된 것도 예쁜꼬마선충에 대한 사랑과 놀라움으로 가득 찬 그의 저서 『쓸모없는 것들이 우리를 구할 거야』 덕분이었다. DNA 분석을 위해 작은 생명체들을 수집하고 배양하는 무언가가 있어야 할 텐데 의아했다. 여기가 아닌가? 주변을 두리번거리고 있는데 연구실 문이 열리고 김준이 들어왔다.

연구에는 돈이 든다

김준과의 만남을 돌이켜보면 시종 당혹의 연속이었다. 그를 처음으로 마주한 장소가 화장실이었다는 것부터 심상치 않았다. 약속 시간을 앞두고 호흡과 옷매무새를 가다듬기 위해 그의 연구실이 있는 대학 건물 화장실로 들어갔을 때였다. 기자재 창고로 쓸 법한 느낌의 건물에 무척 좁은 화장실이라 묘한 느낌이 들었다. 붐비는 시간대가 아니었기에 아무도 없었지만 내가 머무는 그 짧은 순간 누군가 등장했고, 고개를 들어 보니 기사 속 사진에서 봤던 김준이 있었다. 그가 내 얼굴을 알 리는 없었지만 이 시간, 이 장소에 올 낯선 이는 나뿐이었는지 눈이 마주치자 반갑게 인사를 건넸다. 나는 아직 마음의 준비가 되어 있지 않았던 터라 당황한 얼굴을 감추지 못했다. 그가 내게 연구실은 안쪽에 있다며 먼저 들어가 계시라고 손짓을 했기에 서둘러 아무도 없는 연구실 문을 열었다.

그와 몇 마디 대화를 나누기가 무섭게 두 번째 당혹이 찾아왔다. 더 이상 예쁜꼬마선충 연구를 하지 않는다는 게 아닌가! 예쁜꼬마선충 연구로 학위도 받고, 논문상도 받고, 책도 쓰고, 결국 대학교수가 된 사람인데? 오만 가지 생각이 머릿속을 스쳤다. 그에 관해 조사해 온 것은 모두 물거품이 된 걸까. 나는 그에게 무슨 이야기를 더 들을 수 있을까. 인터뷰를 요청해서 시간을 내준 사람에게 인터뷰를 못 할 것 같다고 말할 수 있을까.

일단 이유라도 들어보자 싶었다. 준비한 질문이 아니었기에 투박하고 세련되지 못한 문장들이 거를 새 없이 입 밖으로 튀어나왔다. 직접적으로 왜 예쁜꼬마선충 연구를 그만두셨냐고 물을 수밖에 없었다. 한없이 심각한 나와 달리 그는 별일 아니라는 듯 웃으며 대답했다.

"여러 이유를 댈 수 있겠지만 아무래도 비용 문제가 크죠. 예쁜꼬마선충을 대상으로 하는 유전학 연구만으로는 연구비나 인건비를 마련하기 쉽지 않거든요. 우리나라에서 이 연구만을 진행할

수 있는 곳은 많지 않아요. 그렇다고 제가 전혀 다른 형태의 연구를 하고 있는 것은 아니에요. 결국 생물의 유전정보를 가지고 있는 유전체(게놈, genome)를 해독해 유전자지도를 작성하고 유전자 배열을 분석하는 것인데 그 시료가 달라졌다고 이해하시는 쪽이 맞을 겁니다. 방법론은 크게 달라지지 않았어요."

그가 비용이라는 단어를 내뱉자 단숨에 『쓸모없는 것들이 우리를 구할 거야』의 글이 떠올랐다. 그의 고민은 과장도, 과거의 것도 아니었다. 책에서 그는 시종일관 유쾌하게 대학원 연구실 생활과 예쁜꼬마선충 이야기를 들려줬지만 이따금 돈 걱정을 토로했다. 선충 연구로는 관심이나 지원을 받기가 어렵다는 말이었다. 우리나라가 미국이나 중국과 달리 기초과학 연구에 연구비를 풍족하게 지원하는 나라가 아니다 보니 연구 결과의 효용, 가능성 측면에서 당장 급해 보이지 않는 연구는 진행하기 어렵다고 했다. 선충이 아닌 사람을 대상으로 하는 연구조차 여유롭게 연구할 수 있는 상황이 아니라고.

"대학에 온 이후 사람이나 다른 동식물의 DNA를 대상으로 연구하고 있습니다. 대학병원이나 극지연구소 같은 기관과 협업하는 형태로요. 예를 들면 희귀 유전 질환을 지닌 사람의 DNA를 병원에서 전달받아 분석합니다. 질환이 없는 사람이랑 질환을 앓고 있는 사람의 DNA를 비교하면 대체 어떤 DNA가 바뀌어서 질환을 앓게 되는지 밝혀낼 수 있거든요. 암 연구 같은 경우에도 비슷

김준,

해요. 보통 암세포는 DNA가 손상되고 회복되는 과정을 거치다 보니까 DNA의 돌연변이도 많고, 변이라고 부르는 DNA가 바뀐 흔적들이 많이 남아 있습니다. 분석을 통해 어떤 과정을 거쳐서 변했을지 추적하는 게 가능하긴 해요. 그렇다면 암이 아니었던 세포가 암세포로 바뀌는 과정을 완벽하지 않아도 어느 정도는 추적을 할 수가 있죠."

김준의 연구가 완전히 달라지지는 않았음에 안도했다. 사실 내가 김준에게 끌렸던 이유는 그가 스스로 돌연변이를 연구하는 과학자라고 밝혔기 때문이었다. 돌연변이를 연구하는 과학자라니, 이거 완전 영화 〈엑스맨〉의 프로페서 X, 자비에 교수 아닌가. 인간의 마음을 조종하는 능력을 갖고 있으면서도 돌연변이 유전자를 연구하는 매력적인 캐릭터. 김준 박사에게는 무언가 특별한 능력이 있을까.

퍼즐 맞추기

김준에게 돌연변이를 연구하는 특별한 방법이 있는지 묻자 그는 반짝이는 눈으로 '롱리드 시퀀싱(Long-read sequencing)'이라는 기술을 소개했다. 자신감과 자부심이 느껴지는 목소리였다. 전에 들어본 적 없는 낯선 용어였기에 자세히 설명해 달라고 요청했다.

"제가 쓰고 있는 롱리드 시퀀싱 기술은 수십만 개의 DNA에 담긴 염기서열 정보를 한 번에 보다 많이, 높은 정확도로 해독하는 기술이에요. 아마 예전에 인간 게놈 프로젝트(Human Genome Project)라고 들어보셨을 거예요. 30억 염기쌍에 해당하는 사람의 긴 DNA 서열을 해독하고자 하는 프로젝트였죠. 당시에는 엄청난 금액, 약 30억 달러에 이르는 연구 비용을 쏟아 부었지만 기술적 한계로 전체 게놈의 일부분(약 4%)은 해독하지 못했었거든요. 인간 게놈 프로젝트 당시에는 500~1000염기쌍 정도를 분석하는 생어 시퀀싱 기법이 사용됐고, 그 뒤에 더 짧지만 비용이 저렴한 쇼트 리드 기술이 사용됐죠. 하지만 인간의 DNA 중 반복되는 부분이 너무 많아 위치를 특정할 수 없는 경우가 많았어요. 반면 롱리드 시퀀싱은 유전자의 염기서열을 한 번에 1만 개 이상 읽어내는 기술이니까, 상대적으로 맞추기 쉬운 큰 조각으로 퍼즐을 맞출 수 있는 셈이죠. 과학기술정보통신부에서 선정한 2024년 10대 바이오 미래유망기술에 선정된 최신 기술이기도 해요."

롱리드 시퀀싱을 듣는 과정에 다양한 생물학 용어들이 등장했지만 정리하면 이런 것이었다. 지구상의 모든 생물은 유전자를 갖고 있고 유전자에는 생명체를 구성하고 유지하고 유전형질을 결정하는 정보가 담겨 있다. 개체의 모든 유전 정보를 유전체 또는 게놈이라고 부르는데 이 유전체는 보통 DNA라는 이중나선 구조의 고분자화합물에 저장되어 있다.

그리고 정보는 DNA를 구성하는 네 가지 염기[아데닌(A), 티민(T), 구아닌(G), 시토신(C)]의 나열 순서인 염기서열을 따르는 것이다. 결국 돌연변이나 질병의 이해는 염기서열 해독이 핵심인데 과거에는 짧게 잘라 이어 붙이는 식으로 했기에 전체 염기서열을 파악하기 어려웠다. 염기서열을 한 번에 길게 읽어내는 롱리드 시퀀싱 기술 덕분에 비로소 유전체 정보를 훨씬 더 정확히 파악할 수 있게 된 것이다.

김준은 DNA 해독 과정을 퍼즐 맞추기에 비유했다. 1000피스 퍼즐은 크기와 모양이 비슷한 퍼즐이 많아서 맞추는 데 시간도 오래 걸리고 맞는지 확신할 수 없지만 퍼즐 하나의 크기가 크면 상대적으로 쉽다는 것이다. 두 돌이 갓 지난 아이가 갖고 놀던 퍼즐이 떠올랐다. 퍼즐은 개수가 여섯 개부터 열두 개까지 조금씩 난이도가 달라 아이의 능력을 향상하게끔 설계되어 있는데, 아이는 고사리 같은 손가락으로 본능적으로 퍼즐 조각의 크기가 큰 것부터 만지작거렸다. 물론 김준이 아이처럼 방구석에서 손으로 DNA 퍼즐을 맞출 리는 없었다.

"어떻게 들리실지 모르겠지만 지금 제 실험실은 바로 여기입니다. 이곳에는 고성능 컴퓨터와 대용량 서버, 책상과 의자가 있죠. 데이터 형태의 변환된 수십 GB 이상의 DNA를 책상 위 컴퓨터에 집어넣고 서버에서 DNA 분석을 하는 겁니다. 데이터 형태의 DNA는 쪼개져 있기 때문에 프로그램을 통해 서로 겹치는 부분을 최대한 길게 이어 붙입니다. 유전체를 조립한다고 말하죠. 이렇게 유전체를 조립해서 DNA 정보를 최대한 원상태에 가깝게 재구성을 하는데, 이러면 염색체까지는 아니어도 거의 염색체 수준에 가까운 형태로 DNA를 얻을 수 있습니다. 그것들을 활용하여 필요한 유전자 정보, 예를 들면 조금 전에 말씀드린 것처럼 질환이나 적응과 관련된 유용 유전자들을 찾아서 분석하고 모델링하는 것이죠."

내가 앉아 있는 의자와 모니터, 바벨이 굴러다니는 정돈되지 않은 이 작은 공간이 그의 실험실이라니. 과학자 김준의 실험실은 썩은 감나무를 뒤져가며 선충 채집을 위해 뛰어다니고, 채집한 선충을 기르기 위해 밤낮없이 세포 배양액을 갈아주며, 현미경을 붙들고 선충을 확인하는 공간 어디쯤에 있을 거라고 예상했었는데. 더 이상 분석 대상이 선충이 아니더라도 말이다. 왠지 여기는 실험실이라고 말하기가 조금 어색했다. 내가 글로 배웠던 '과학'과 '실험'의 이미지에는 그저 모니터를 보고 프로그램을 돌리는 과학자는 없었다.

물론 실험실의 전형 같은 것이 있을 리는 없지만 '실험실'이라고 하면 브뤼노 라투르(Bruno Latour)와 스티브 울거(Steve Woolgar)의 『실험실 생활』을 떠올리지 않을 수 없다. 그들에 의해 과학에서 실험하기의 의미와 실험적 사실의 출현에 대한 논의가 시작되었다고 봐도 과언이 아니다. 당시 라투르는 과학적 사실이 어떻게 산출되는지 이해하기 위해 직접 실험실로 들어갔다. 생화학자 로제 기유맹(Roger Guillemin)이 소장으로 있던 미국 소크연구소였다. 그가 관찰한 결과는 놀라울 정도로 무질서 그 자체였다. 사람들은 뛰어다니고, 전화는 계속 울리고, 컴퓨터는 데이터를 쏟아내고, 동식물, 화학약품이 들어오고 논문과 샘플이 나가는 등 어수선한 일상의 반복이었다. 여기에서 라투르는 '갑상선 자극 호르몬 방출인자(TRF(H))'로 불리는 물질의 존재와 성질이 '발견'된 것이 아니라 '만들어'진다고 주장하면서 과학과 실험에 대한 이미지를 완전히 바꿔버렸다. 그의 말이 옳다면 합리적·객관적이라고 여겨졌던 과학적 사실은 발견되는 것이 아니라 실험실이라는 제한된 환경 속에서 구성되는 셈이니까.

어쩌면 라투르의 주장처럼 김준의 실험실에서도 과학적 사실이 만들어지고 있을지도 모를 일이다. 김준은 고성능 컴퓨터와 서버, 프로그램이라는 도구와 함께 대상 시료의 특정 유전정보라는 과학적 사실을 빚어가는 중일 수도 있다. 그러나 아무리 봐도 김준의 실험실은 라투르가 기술했던 실험실에 비해 무언가 부족하다는 인식을 떨칠 수가 없었다. 여기에는 실험용 동식물도 없고, 사람도 없고, 측정을 위한 어떤 도구들이나 약품들이 없어서 그런 것일까.

대략 DNA 염기서열분석은 분석 대상 선정, 시료 채취, DNA 추출 및 가공, 장비를 통한 염기서열 해독, 컴퓨터 프로그램에서의 퍼즐 맞추기 순으로 이루어진다. 라투르가 묘사한 실험실에서는 이 모든 단계가 이루어지는 듯 보이는 반면

김준의 실험실에서는 오직 마지막 퍼즐 맞추기 단계만을 하고 있기에 실험실도 불완전한 모습처럼 보이는 걸까. 라투르와 김준의 실험실 중 실제로 많은 과학자들의 실험실은 어떤 형태라고 봐야 할까. 당사자는 이러한 환경을 어떻게 인식하고 있을지 궁금했다.

설비와 기자재에 관하여

과학을 하려면 공간이 필요하다. 펜과 연습장만 가지고 연구를 하는 과학자는 없다. 있다 해도 책상과 의자, 불을 밝힐 도구와 전기 사용이 가능한 공간이 있어야 한다. 과학자에게는 연구 목적에 부합하도록 만들어진 장소가 필수적이며 실험실을 갖추고 유지하는 데는 생각보다 꽤 많은 비용이 들기도 한다. 어떤 연구는 세밀한 온도 조절 장치가 있어야 하고 어떤 연구는 진동에 영향을 받지 않는 안정된 시설이 필요하다. 많은 양의 물이나 높은 압력을 견딜 수 있는 장치가 요구되기도 한다. 그리고 설비와 기자재의 품질과 접근성은 연구자의 성과와 직결된다. 과학 연구가 기술의 진보를 낳는다고 하지만 기술이 과학의 진보를 낳기도 한다.

김준이 몸담은 염기서열분석 영역만큼 설비의 역할이 중요한 분야를 찾기도 어려울 것이다. 특히 인간 게놈 프로젝트는 생물학에서 설비가 차지하는 중요성을 세계적으로 드러낸 대규모 프로젝트였다. 2007년 기준으로 프로젝트가 시작한 1990년대 초에 비해 연구자 한 명이 염기쌍을 분석하는 데 필요한 염기서열분석 비용의 단가는 1000분의 1 수준으로 떨어졌고, 1일 생산성은 2만 배 이상 증가했는데 이는 순전히 염기서열분석 장비의 개선 덕분이었다. 염기서열분석기는 끊임없이 개발 중이며 롱리드 시퀀싱 기술 역시 그 일환이다. 그러나 문제는 장비 가격이 다수의 실험실에서 구매할 만큼 저렴하지 않다는 데 있다. 국내 연구소나 대학에서도 장비를 보유한 업체에 비용을 지불하고 사용하는 상황이다. 추정치에 따르면 2010년 기준으로 전 세계 염기서열분석기 중 절반가량이 20개의 대학 및 연구소에 집중되어 있다고 한다.[*]

> "현실적으로 염기서열 해독을 위해 고가의 장비를 구비하는 것은 어려워요. 업체에 사용료를 지불할 비용조차 크게 느껴지죠. 물론 염기서열분석의 모든 단계를 연구실에서 수행할 수 있다면 그것도 의미가 있겠지만, 고품질의 DNA 데이터를 일관성 있게 확보하는 것도 중요하거든요. 염기서열분석 장비가 비싼 이유에는 고품질 데이터에 대한 어느 정도의 보장도 포함되어 있기 때문에 연구자 입장에서는 제한된 시간과 역량을 모아 염기서열을 해독하고 이해하고 연구 대상을 선정하고 실험을 디자인하는 데 집중하는 것도 괜찮은 연구 전략입니다."

---

[*] 폴라 스테판, 『경제학은 어떻게 과학을 움직이는가』, 인윤희 옮김, 글항아리, 2013.

국립대학교에서조차 염기서열분석을 위한 온전한 실험실을 갖추기는 힘든 게 현실이었다. 김준도 욕심 내지는 않았다. 그는 염기서열분석 장치를 사용 전 단계, 예를 들면 시료를 구하고, DNA를 추출하고, 장비에 넣기 위한 준비 단계까지라도 실험실에서 수행할 수 있기를 바랐다. 그렇게 된다면 상대적으로 비용을 절감하여 그만큼 더 다양한 생물종에 관한 연구를 할 수 있기 때문이었다.

가장 중요한 능력은 바로 설득력

상황이 이렇다 보니 김준에게 다른 기관과의 공동 연구를 통한 재원 마련은 필수적일 수밖에 없다. 시료를 확보하고 고가의 DNA 해독을 할 수 있는 비용을 지원할 수 있으면서 동시에 연구 관심사가 비슷한 기관과 사람을 찾아야 한다. 그래서일까, 연구에서 어떤 능력이 가장 필요하냐는 물음에 김준은 주저하지 않고 '설득력'을 꼽았다.

> "요즘 가장 많이 하는 생각 중 하나가 여러 이해관계자와의 소통에 대한 것입니다. 커뮤니케이션을 할 수 있는 능력, 사람이 정확하게 소통하고 협업할 수 있는 능력이 제일 중요한 것 같아요. 저는 다방면으로 공동 연구를 진행하고 특정 실험은 외주를 통해 하는데, 그 과정은 결국 만나는 사람에게 제 의견을 전달하고 조

율과 설득을 하는 작업의 반복이거든요. 어떤 시료를 분석할지, 시료를 이용해서 어떤 생명 현상을 연구할지, 분석을 할 때 어느 방법을 사용할지 등, 모든 단계에서 계속 이야기를 나누어야 하죠. 분석을 마치고 논문을 작성할 때도 그 방향성과 의미를 놓고 항상 이견이 있기 마련이고요."

나 역시 직장에서 종종 대학교수나 다른 기관과 짧게는 수일, 길게는 수개월이 걸리는 공동 작업을 진행했지만 작업 결과가 만족스럽지 않을 때도 많았다. 나는 이런 문제가 각자의 기대와 욕망이 달라서 생겨났다고 봤지만 김준은 동의하지 않았다. 그는 전혀 다른 이유를 들었다.

"비용 문제예요. 제한된 비용으로 어떤 시료를 얼마나 분석하는 것이 최선일지 결정하고 설명하고 설득해야 하죠. 시료를 선택할 때도 마찬가지고요. 생물이 지니고 있는 유전체의 크기가 다른데, 분석하기에는 그 크기가 작을수록 좋지만 생물학적으로 의미 있는 결과를 얻기 위해선 마냥 작은 것을 고를 수만은 없거든요. 다양한 요소를 고려하고 정보를 취합해 선택을 하고 설득을 해야 하죠."

놀랍게도 이는 김준이 다양한 형태의 글을 쓰는 이유와 맞닿아 있었다. 그는 연구를 진행하는 과정에서 작성하는 이메일이나 논문도 모두, 결국 원하는 바를 명확하게 전달하기 위한 수단이라고 보았다. 좋은 과학자는 글을 잘 쓸 줄 아는 사람이라는 말이었다. 과학자는 자기가 하려는 연구가 무엇인지, 그것이 왜 중요한지, 또 어떤 방식으로 진행할 것인지, 그렇게 밝혀낸 과학적 사실의 의미가 무엇인지 계속해서 드러내고 공유하는 직업인 것이다. 당연한 말처럼 들리지만 과학자가 새로운 지식을 쌓고 색다른 연구를 기획하는 일은 결국 다른 과학자들이 쓴 논문을 읽는 것에서 시작한다.* 같은 실험 결과를 갖고 있더라도 표현하는 능력에 따라 논문의 질은 차이가 난다. 김준은 이러한 능력이 훈련을 통해 향상될 수 있다고 믿었다.

과학자로 살기 위한 덕목

김준은 학위를 받은 후 정부출연연구기관(이하 정출연)을 거쳐 대학에 초임 교수로 임용되었다. 이러한 변화는 과학하는 마음에 어떤 영향을 주었을까?

---

* 앞서 언급한 『실험실 생활』을 보면 라투르와 울거 역시 기본적으로 과학 활동을 '문헌 기록(literary inscription)'으로 본다. 과학 활동이 지향하는 것은 결과물의 기록이라는 뜻이다. 과학자들의 실험 역시 기록을 위한 작업이라고 해석 가능하다. 분석 대상의 수집, 채취, 측정 등 모든 과정과 결과는 문서화해야만 과학자 사회에서 공유와 전파가 가능하다. 한 과학자가 실험실에서 내놓은 결과도 논문을 통해 과학자 사회에서 인정을 받기 전까지는 가설이나 주장일 뿐이다. 라투르는 소크연구소의 기유맹이 1977년 갑상선 자극 호르몬 방출인자를 발견한 업적으로 노벨상을 받을 수 있었던 것도 그의 논문이 인용되는 과정을 통해 가능했음을 확인했다. 과학자들의 연구 결과는 자신들이 작성한 문서가 유통되고 학술지 등에 실림으로써 가설이나 주장을 넘어 과학적 지식으로 인정받게 된다는 얘기다. 글쓰기에 관한 김준의 생각과 일맥상통하는 말이다.

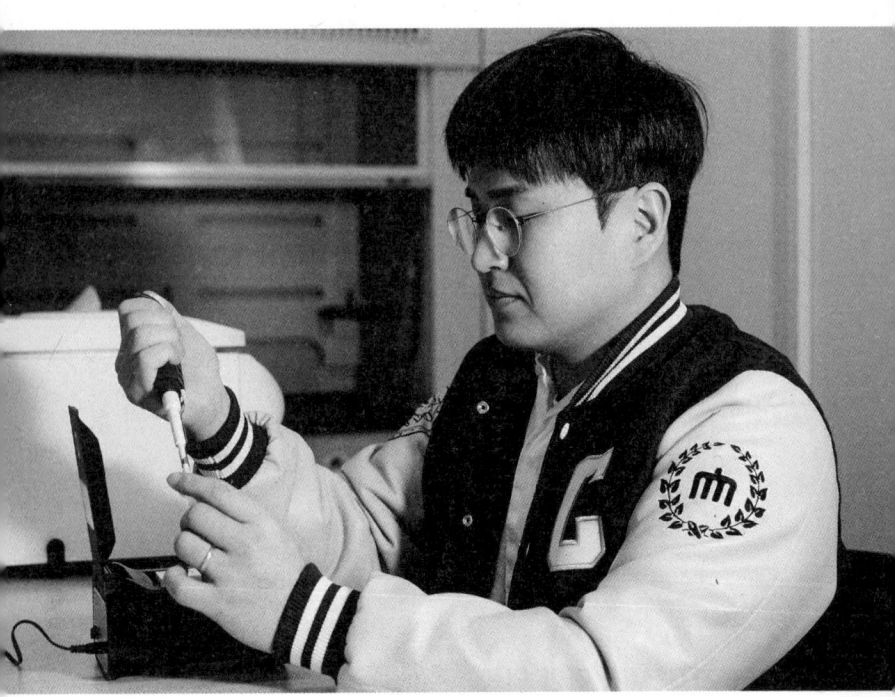

김준,

"연구를 대하는 관점이 달라지긴 했어요. 학위를 하며 연구실 구성원으로 있으면서는 선충이라든지 진화라든지 하는 연구 자체에 집중했는데, 박사후연구원으로 정출연에 있을 때는 연구 사업의 목적이나 방향 등을 고민했어요. 정출연은 사업에 따라 몇십억, 몇백억 규모의 사업들을 기획하고 진행하는 곳인데 처음에는 이런 사업에서 어떤 점을 중요하게 고려해야 하는지에 대한 감이 없었죠. 시간이 지나면서 우리나라 생물학 연구에서 당장 필요한 연구가 어떤 것이고, 어떻게 다른 산업과 연결할 수 있을까, 내가 하는 DNA 연구로 어떻게 사회에 보탬이 될 수 있을까 하는 질문들을 하기 시작했습니다. 대학에 온 이후에는 이런 고민 모두를 하고 있죠, 하하."

변하는 것이 사랑뿐일까. 과학하는 마음도 변한다. 김준이 염기서열을 분석하는 돌연변이 연구자가 되기까지 여러 마음이 오고 갔다. 그럼에도 과학자로서 변치 않는 마음이 있을까 싶어 그의 어린 시절을 살펴봤다. 그는 어떤 과학자를 꿈꿨을까?

김준의 유년기인 1990년대는 일본에서 우리나라로 건너온 만화책이 많은 학생의 마음을 사로잡던 시절이었다. 동네 작은 서점에도, 골목마다 우후죽순 생겨난 도서대여점에도 단돈 몇백 원이면 빌려 볼 수 있는 온갖 만화책이 넘쳐났다. 소년 김준은 용돈을 모아 만화 전문 서점에서 『소년 점프』와 같은 만화책을 사 보는 게 일주일의 낙이었다. 그는 자신을 과학자로 키운 건 팔 할이 만화책이라고 썼다.

특히 「헌터×헌터」를 그린 작가 토가시 요시히로는 주인공인 곤과 키르아를 통해 내게 인생을 가르쳤다. 두 사람은 엄청난 재능을 타고났으면서도 노력을 멈추지 않았고, 목적지까지 기나긴 여정 속에서도 매 순간 좋은 스승을 찾아 성장해나갔다. 몇 년에 걸쳐 쌓아온 노력이 물거품이 됐을 때도 좌절하지 않았으며, 난관에 부딪힐 때면 처음 여행을 시작하며 꿈꿨던 목표를 되새기며 내달렸다. 절망스러운 순간에도 어떻게든 참고 버텨보는 것, 돌부리를 만나 넘어져도 용감하게 훌훌 털고 일어나 새로운 도전을 이어간다는 것, 그것이야말로 요즘 같은 세상에 과학자로 살기 위한 중요한 덕목이 아닐까. (『쓸모없는 것들이 우리를 구할 거야』에서)

물론 김준이 만화책만으로 과학도의 길을 선택한 것은 아니다.(예나 지금이나 부모님의 눈치를 피해 꾸준히 만화책을 탐독하기란 과학자 되기보다도 어려운 일이다.) 그는 과학 선생님이 추천한 책으로 생물학에 흥미를 갖게 되었으니, 이는 우연이 놓은 길이다. 만약 과학 선생님이 추천했던 책이 리처드 도킨스의 『이기적 유전자』와 스티븐 제이 굴드의 『생명, 그 경이로움에 대하여』가 아니라 칼 세이건의 『코스모스』나 스티븐 호킹의 『시간의 역사』였다면 김준은 천문학자가 되었을지도 모른다.

어쨌든 그는 기라성 같은 진화생물학자들의 책을 읽고

만화책보다 더 놀라운 상상과 즐거움이 실현될 가능성을 과학과 생물학에서 발견했다. 작디작은 유전자를 통해서 복잡한 생물과 진화, 인간의 세계를 이해하고 나아가 조작할 수 있다는 것은 얼마나 매력적인가. 이제 와 김준은 기초과학 분야 중에 취직이 어렵기로 손꼽히는 진화 연구의 길로 들어선 계기를 돌아보며 한탄 아닌 한탄을 하지만 나는 그의 마음을 십분 이해했다. 나 역시 리처드 파인만의 『QED 강의』나 브라이언 그린의 『엘러건트 유니버스』 같은 책을 읽고 물리학과 사랑에 빠진 적이 있으니까. 잠시라도 과학자를 꿈꾸었던 사람이라면 그때가 직업적 실리를 따질 나이가 아니었음을 안다. 호기심과 열정, 꿈만으로도 머릿속이 차고 넘쳤을 시절, 다시 돌아가도 같은 선택을 했을 것이다.

    김준에게 곤과 키르아처럼 꿈꿨던 목표가 있느냐고 물었더니 그는 생물학의 가장 궁극적인 질문을 들려줬다. 서로 다른 생물 간 차이를 알아내는 것, 그들은 무엇이 비슷하고 무엇이 다른가, 그리고 그 이유는 무엇인가. 이것이 김준이 꼽은 생물학의 오래된 질문으로, 그는 시대마다 사람들이 취할 수 있는 최선의 방법으로 그 답을 구하는 중이라고 말했다. 본인 역시 현재의 기술과 방법으로 같은 질문의 답을 구하는 과정에 있으며, 결국 이 질문은 인류의 안녕과 맞닿아 있기에 질병이나 노화와 연관된 돌연변이 연구가 의미 있는 것이라면서.

    나는 오늘 김준을 만나기 전, 과학자에게 중요한 덕목이

란 어떻게든 참고 버티며 새로운 도전을 이어가는 것이라는 그의 믿음이 지금도 이어지고 있는지 확인하고 싶었다. 그러나 끝내 묻지 않았다. 말하지 않아도, 그의 목소리와 눈빛이 충분히 그 답을 전하고 있었다. 어떤 어려움을 만나 넘어져도 용감하게 훌훌 털고 일어나겠다는 대답. 만화책을 탐독하던 사이언스 키드에서 한국의 어엿한 과학자로 성장한 그가 펼칠 새로운 미래를 기대해본다.

장수진, 돌고래를 연구하는 마음

종과 종이 만날 때, 온 세계가 인사를 나눕니다.

- 도나 해러웨이(Donna Haraway)

제주의 푸른 바다를 가르는 돌고래 떼를 본 적 있는가. 유영하는 돌고래들의 모습은 바다 생태계의 건강함을 증명하는 살아 있는 증거다. 장수진은 제주에서 돌고래를 연구하는 생태학자다. 그는 제주 연안을 터전 삼아 살아가는 돌고래의 삶을 깊이 들여다보며 인간 활동이 그들에게 미치는 영향을 분석하고 보호 방안을 모색하고 있다.

이화여자대학교 해양생태연구실에서 귀뚜라미의 소리 통신 전략을 연구하며 석사 학위를 받은 그는 2013년 '제돌이' 방류 프로젝트에 참여한 것을 계기로 연구 방향을 바꾸었다. 수족관에 갇혀 있던 돌고래가 자연으로 돌아가는 과정에서 장수진은 해양 포유류의 행동과 생태를 연구하고 싶다는 새로운 목표를 품게 되었다. 이후 본격적으로 남방큰돌고래의 행동 생태를 연구하며 2021년 박사 학위를 받았다. 현재는 대학원 생활 중 동료 대학원생과 함께 만든 MARC(Marine Animal Research & Conservation, 해양동물생태보전연구소)를 운영하며 해양생물 연구를 이어가는 중이다.

장수진은 돌고래들의 이동 패턴, 사회적 관계, 소리 커뮤니케이션 방식 등을 연구하며 돌고래가 환경에서 받는 위협을 구체적으로 밝힌다. 또한 제주도에서 어린 돌고래의 사망률이 점점 증가하고 있다는 연구 결과를 발표하며 돌고래 보호 정책의 필요성을 말하기도 한다. 그의 연구는 해양 생태 보호 정책 수립에도 중요한 근거 자료로 활용된다.

장수진의 연구는 과학적 탐구에 머물지 않는다. 그는 시민과학 프로젝트를 통해 일반인들이 연구에 참여할 수 있도록 돕고 돌고래 보호에 대한 사회적 관심을 높이는 활동에 헌신한다. 다시 말해 그의 관심은 학문적 호기심에서 훌쩍 나아간, 인간과 자연이 공존하는 길을 찾으려는 실천적 노력이다. 제주의 바다에서 돌고래들이 자유롭게 헤엄칠 그날까지 장수진의 연구는 멈추지 않을 것이다.

1995년 무렵, 그해의 소풍 장소도 어김없이 동물원이었다. 벌써 5년째 같은 곳이었기에 지겨울 법도 했지만, 그래서 아이들은 다른 데 가고 싶다며 툴툴거렸지만, 막상 소풍 당일이 되자 늘 그랬듯 시끌벅적 신이 나 있었다. 학교 울타리를 벗어난다는 사실만으로도 설레던 나이였다.

이제 와 생각해보면 학교 부근 소풍지로 동물원만 한 곳도 없었다. 넓은 풀밭과 놀이 기구가 있었고 무엇보다 동물원이 아니면 볼 수 없는 수많은 생명체가 그곳에 있었다. 더구나, 그때는 몰랐지만, 전주동물원은 꽤 깊은 역사와 큰 규모를 지닌 곳이었다. 무려 1978년 개원해 코끼리, 곰, 타조 등 100여 종의 동물을 보유해왔고 어느 시기에는 기린이나 하마도 있었다. 서울대공원 동물원 다음가는 규모였으니 인근 학교에서 이곳을 놓칠 리가 없었으리라.

해를 거듭할수록 동물원을 찾는 빈도가 늘면서 아이들한테서도 변화가 감지됐다. 키가 자라나는 만큼 자연스럽게 겁이 없어진 것이다. 아이들은 점점 대담해졌고, 키보다 높은 나무에 오르거나 귀신의 집을 드나들며 용기를 과시했다. 어떤 아이들은 규칙을 어기거나 선생님 말씀을 듣지 않는 것으로 반항심을 드러냈다.

그날의 나 역시 다르지 않았다. 뭔가 보여주고 싶었을 때 마침 원숭이 우리 앞을 지나는 중이었고 많은 아이가 원숭이들의 재빠른 움직임에 넋을 놓고 있었다. 울타리에 적힌 '넘지 마시오'라는 문구가 오히려 자극이 되었을까. 나는 망설임 없이 울타리를 넘어 원숭이가 갇힌 철조망으로 다가갔다. 아이들의 웅성거림에 의기양양해하며.

한 원숭이가 철조망에 매달린 채 나를 바라보고 있었다. 나는 손을 내밀어 원숭이의 꼬리를 만지려 했다. 그때 말 그대로 눈 깜짝할 사이에, 원숭이가 팔을 뻗었고 휙, 하고 내 손등을 스쳤다. 급히 손을 뺐지만 곧 따끔한 통증이 느껴졌다. 새끼손가락 쪽 손등에 작은 상처가 생겼고 핏방울이 맺혔다.

나는 곧장 울타리 밖으로 복귀하지 않고 원숭이를 노려보았다. 원숭이는 아직도 내게서 시선을 떼지 않고 있었다. 그때 나는 감지했던 것 같다. 내가 관람자가 아니란 걸. 그와 함께 존재하는 또 하나의 생명체라는 사실을. 두려움보다 경이로움이 앞섰다. 처음 느껴보는 낯선 감정이었다. 잠시 후, 누군가의 호통을 듣고서야 난 아무렇지 않은 척 어깨를 으쓱하며 제자리로 돌아왔다.

카페에서 장수진을 기다리며 나도 모르게 떠오른 기억이다. 동물을 연구하는 과학자를 만나기 때문일까. 그가 보는 돌고래들도 어쩌면 나를 지켜보던 원숭이처럼 연구자를 바라보고 있을지도 모른다는 상상을 했다. 그를 통해 돌고래와 인간이 어떻게 서로를 바라보고 또 어떻게 관계를 맺어가는지 듣게 되리라 기대했다. 어린 시절 원숭이와의 조우에서 느꼈던 그 낯선 감정이 다시금 선명해졌다.

그저 바다를 보고 있을 뿐

바다는 매일 달라진다. 어제 돌고래가 머물던 곳이 오늘은 텅 비어 있을 수도 있고, 전혀 예상치 못한 곳에서 무리를 발견할 수도 있다. 연구자는 날마다 같은 바다로 나가지만 그날그날 다른 바다를 마주할 것이다. 돌고래를 찾는 일은 그저 옮겨 다니는 일이 아니라 끊임없이 변화하는 환경 속에서 그들의 흔적을 좇는 과정이다.

아침 8시, 장수진은 차를 몰고 바닷가로 나선다. 바람의 방향, 조류의 흐름, 파도의 높이를 살피며 오늘의 바다가 돌고래를 품고 있을지 가늠해본다. 하지만 예측이 맞아떨어지는 날보다 그렇지 않은 날이 더 많다. 돌고래가 어디에 있을지 단정할 수 없기에 장수진은 광범위한 구역을 돌아다니며 그들을 찾아야 한다. 때로는 한나절이 지나도록 아무런 흔적도 발견하지 못한 채 바다 위를 표류할 때도 있다.

"함께 나가는 인원은 그날의 일정에 따라 달라져요. 혼자 나갈 때도 있고, 두세 명이 팀을 이루기도 합니다. 돌고래가 보이지 않으면 계속 이동하며 찾아요. 많은 사람이 돌고래가 특정 시간대에 자주 모습을 드러낸다고 생각하지만, 연구자들의 경험상 온종일 그들의 움직임을 예측하기는 어렵습니다. 돌고래 관광 프로그램에서는 특정 시간대를 추천하기도 하는데, 그것은 선박 운항 일정에 맞춘 것이지, 돌고래의 습성과는 관련이 없어요. 그래서 우리는 하루 종일 돌고래를 찾습니다. 돌고래를 찾으면 따라다니며 연구의 목적에 맞춰 관찰 시간을 달리하고요. 한나절이 지나도록 아무 흔적도 못 발견하고 마냥 떠도는 경우도 많아요."

 그렇다고 해서 이 기다림이 헛된 것은 아니다. 기다림의 시간 속에서도 장수진은 바다의 패턴을 읽고 조류의 흐름을 익히며, 환경이 돌고래의 행동에 미치는 영향을 관찰한다. 즉 '비효율적인 시간'이 아니라 돌고래를 이해하기 위한 과정인 셈이다. 그리고 마침내 수면 위로 돌고래가 모습을 드러내는 순간 그 모든 기다림은 의미를 찾는다.
 장수진은 언제 나타날지 모르는 돌고래를 기다리며 바다에서 무슨 생각을 할까? 그에게 가장 먼저 묻고 싶은 질문이었다. 기대와 의심이 교차하는 순간이 오더라도 결코 바다는 연구자의 초조함에 답하지 않을 텐데. 심지어 하루이틀 하는 연구도 아니다.

"간혹 그 긴 시간을 어떻게 견디느냐는 질문을 받지만, 저는 특별한 생각을 하지 않습니다. 그저 바다를 보고 있을 뿐이죠. 감상에 젖거나 다른 생각을 하는 것이 아니라 집중 속의 멍 때림에 가깝다고 할까요. 저는 바다나 하늘이나 숲을 보고 있는 그냥 멍 때리는 시간들을 원래도 좋아하는 편이긴 했어요. 그런데 무언가에 집중을 하고 있으면 생각보다 잡념이 잘 떠오르지 않더라고요."

장수진에 따르면, 돌고래 연구자에게는 체력도 중요하고 멀미를 견디는 신체 조건도 필요하지만 가장 중요한 자질은 '기다리는 능력', 즉 버티는 마음이다. 빠른 성과를 원하는 사람이라면 이 연구를 지속하기 어려울 것이라고 했다. 하루 종일 바다를 보며 돌고래를 찾고, 연구를 마친 후에도 일은 끝나지 않는다. 현장에서 수집한 데이터를 정리하고 분석하는 작업이 이어지기 때문이다. 돌고래에 대한 이해는 이러한 반복되는 과정 속에서 조금씩 이루어지는 것이었다.

안녕하게 살아 있음을 직접 확인하는 순간

기다림 끝에 만난 돌고래를 감상하고 있을 수는 없다. 과학자 장수진은 돌고래를 '관찰'해야 한다. 관찰은 단순히 대상을 바라보는 행위가 아니다. 어떤 이론적 배경과 목적이 있느냐에 따라 관찰 대상에서 포착하는 요소가 달라지고 해석의 방식도 변화한다. 관찰은 그냥 '보기'가 아니라 연구자의 시선과 해석이 개입된 적극적인 과정이다.

장수진의 돌고래 연구는 행동생태학에 기반한다. 돌고래가 왜 이렇게 행동하는지, 어떤 점이 생존이나 번식에 유리한지, 개체나 집단이 주변의 환경적 요소나 생물적 요소와 어떻게 상호 작용하는지를 탐구하여 궁극적으로 돌고래가 왜 이렇게 진화했는가라는 답을 찾아나가려는 것이다. 이를 위해 장수진은 개체별 사진을 활용해 돌고래를 식별하고, 하루 동안의 이동 경로와 행동 양상을 기록하고, 돌고래들이 내는 소리를 분석한다.

그는 『마린 걸스』에서 돌고래들을 서로 구별하기 위한 식별 수단으로 등지느러미를 활용한다고 썼다. 가장 전통적이면서 효과적인 방법 중 하나이기 때문이다. 즉, 장수진의 돌고래 관찰은 곧 지느러미를 보는 것에서 시작한다고 볼 수 있다.

> 돌고래의 경우라면 나이가 들면서 늘어나는 등지느러미의 상처, 피부병이나 사고로 생긴 흉터, 타고난 특이한 외모 등이 식별 정보에 해당한다. 이 중 가장 쉽게 볼 수 있는 것이 숨을 쉬기 위해 돌고래가 수면 위로 올라오는 순간 어김없이 드러나는 등지느러미이다. (…) 돌고래의 등지느러미에는 곧잘 상처가 났다가 아문다. 어떤 상처는 흉터로 남고, 어떤 상처는 감쪽같이 회복되기도 한다. 다른 돌고래들과 상호작용하면서 생긴 상처, 바위에 몸을 비비면서 긁힌 상처, 멋모르고 배에 다가갔다가 스크루에 다쳤거나, 버려진 낚싯바늘에 긁힌 상처 등이 고스란히 남아 그 돌고래가 어떻게 살아왔는지, 또 살고 있는지를 말해준다. (『마린 걸스』에서)

장수진과 MARC의 연구원들은 이를 바탕으로 2019년부터 'MARC FIN BOOK'이라는 등지느러미 카탈로그를 제작하고 있다. 이 카탈로그는 제주 해역에 서식하는 돌고래들

ⓒ 장수진

의 사회구조와 행동 양식을 파악할 수 있는 중요한 자료이다. 제주도 남방큰돌고래에 대한 체계적인 연구 사례가 부족한 상황에서 수년간 꾸준한 관찰을 통해 구축되는 기초 자료는 그저 귀하고 소중하다.

그리고 이들은 관찰하는 돌고래에 이름을 붙인다. 비슷비슷하게 생긴 지느러미에도 특징이 있어 적절한 이름을 붙이면 기억하기 쉽다고 했다. 대상을 번호로 부르는 것보다 이름으로 부르는 편이 훨씬 빠르게 인지되는 장점도 있다.

> "가슴지느러미와 꼬리지느러미 끝부분에 하얀 반점이 있는 돌고래는 '화이트팁', 콩을 가로로 눕힌 모양의 상처가 있는 '콩가', 끄트머리가 화살촉처럼 세모난 '애로', 여기저기 뜯겨 나간 상처들이 마치 나비 날개처럼 보이는 '나비', 입술을 삐쭉 내민 듯한 상처가 있는 '뽀', 특이하게도 등지느러미 끝이 네모난 모양이었던 '네모'."

장수진은 효율적인 연구를 위해서라고 말했지만, 연구 대상에 이름을 붙이는 행위는 단순한 식별 이상의 의미를 지닌다. 이는 연구자가 대상을 개별적인 존재로 인식하고 그들과의 관계 속에서 의미를 부여하는 과정이다.

"이름을 부르는 것은 인간이 타인을 껴안는 첫 번째 방법"[*]이라는 말처럼, 이름을 부여하는 행위는 그 대상을 이해

---

[*] 김현, '추천사', 조해진, 『단순한 진심』, 민음사, 2019.

하려는 마음에서 비롯된다. 연구자에게 돌고래 한 마리는 수많은 개체 중 하나가 아니라, 특정한 등지느러미를 가진 '애로'이며, 한때 정치망에 갇혔던 '나오'이고, 새끼를 잃었을 '시월이'다. 이름 붙이기는 돌고래를 향한 애정이 없이는 도무지 가능하지 않은 일이다. 그런 그에게 돌고래 연구에서 가장 큰 즐거움이 무엇인지 물었다.

> "제가 가장 큰 감동을 받는 순간은 바다에 나가서 직접 돌고래를 마주할 때예요. 그들이 안녕하게 살아 있음을 직접 확인하는 순간이요. 실제로 안녕하게 지내고 있는지는 알 수 없지만, 어쨌든 눈앞에서 돌고래가 자유롭게 헤엄치고, 새끼와 함께 다니며 파도를 타는 모습을 볼 때가 저에게는 가장 편안하고 좋은 시간인 것 같아요."

그는 잠시 생각에 잠겼다 말을 이었다. "'쾌'라기보다는 조용히 만족을 느끼는 시간이라고 해야 할까요. 데이터를 모으느라 정신 없을 때도 많지만, 그럼에도 불구하고 그 순간이 가장 좋다고 느껴요." 그리고 지금 눈에 보이지 않아도 바닷속에는 다양한 생물들이 자유롭게 돌아다니고 있다고 상상할 수 있는 것 자체가 중요하다고 강조했다.

보일 듯 말 듯, 들릴 듯 말 듯

과학에서 관찰은 흥미로운 개념이다. 전통적으로 관찰은 연구자가 대상을 객관적으로 기록하는 행위로 여겨졌지만, 현대 과학철학에서는 연구자와 연구 대상 간의 상호작용 속에서 이루어진다고 보기도 한다. 이때 연구자는 단순한 기록자가 아니라 연구 대상을 이해하는 과정에서 관계를 맺고 스스로 변화하기도 하는 존재가 된다.

이러한 관점은 돌고래 연구에서도 중요한 의미를 가진다. 돌고래에게 얼마나 가까이 다가갈 것인가, 관찰은 어떤 형태로 이루어져야 하는가, 혹은 얼마나 거리를 두어야 하는가의 문제와 맞물려 있다. 장수진과 그의 동료들은 돌고래를 관찰하면서 최대한 영향을 주지 않는 방식을 고수한다고 말했다.

"저희는 육상에서 관찰을 진행하기 때문에 돌고래에게 거의 영향을 주지 않습니다. 드론을 띄울 때도 개체 하나하나의 세부적인 상태를 보기보다는, 전체적인 움직임이나 군집 단위를 관찰하는 것이 목적이라 드론을 매우 높은 고도(약 100m)로 띄우는 경우가 많습니다. 만약 이상행동을 보이는 개체가 있으면 잠시 낮게 날려 관찰하기도 하지만, 기본적으로는 돌고래들에게 영향을 주지 않는 수준에서 운영합니다."

장수진은 음향 장비를 사용할 때도 연구자가 직접 개입하지 않고 장비를 수중에 고정하기 때문에 돌고래에게 영향을 주지는 않을 거라고 설명했다. 연구자가 연구 대상에게 영향을 주지 않는다는 원칙은 연구에서 중요한 요소이다. 연구자가 환경에 미치는 영향을 최소화하려는 노력과 연구 대상이 연구자의 존재를 인식할 가능성 사이에는 어떤 관계가 있을까? 이러한 질문들은 돌고래 연구를 더욱 다채로운 탐구의 장으로 만든다.

장수진은 연구자와 연구 대상 사이의 거리를 설명하며 '습관화(habituation)' 기법도 소개했다. 습관화란 동물이 연구자의 존재에 익숙해지면서 자연스러운 행동을 보이도록 유도하는 과정이다. 돌고래 연구에서도 연구자의 존재를 익숙해지게 하여 돌고래의 자연스러운 행동을 관찰할 수 있도록 돕는 방법으로 활용되기도 한다. 그러나 장수진은 자신이 활용하는 관찰 방법은 아니라고 선을 그었다. 단순히 취향의 문제는 아니었다.

"해외에서는 돌고래를 포획해 DNA 샘플을 채취하거나, 소리를 녹음하고, 혈액을 채취한 후, 위성 추적 장치를 부착해 방류하는 연구를 진행하는 경우도 있습니다. 하지만 우리나라에서는 방류된 돌고래 개체를 대상으로 한 연구를 제외하면, 그러한 방식의 연구가 진행된 적은 없습니다. 연구 허가 자체가 불가능한 것은 아니지만 한국에서는 사회 분위기를 고려해야 합니다. 연구 허가를 요청하면 관련 기관뿐만 아니라 동물보호단체 등의 의견도 반영되기 때문에 동물 학대로 인식될 가능성이 있다면 허가가 어려울 수 있어요. 필요한 경우 명확한 목적과 그에 적합한 연구 방법을 기반으로 진행되어야 하는 것이죠."

그럼에도 불구하고 장수진의 이야기를 듣다 보면 그와 돌고래가 단순한 관찰자와 피관찰자의 관계를 넘어서 서로에게 영향을 주고받으며 함께 변화하는 존재라는 생각을 떨칠 수가 없다. 장수진은 돌고래를 연구하며 스스로 변하고 있었으니 이는 분명 과정의 단순한 기록이 아니라 연구자와 돌고래가 함께 만들어가는 이야기였다. 이는 인간과 비인간 존재가 관계 맺는 방식을 서술한 도나 해러웨이의 『종과 종이 만날 때』를 떠올리게 한다.

장수진은 제주도의 해안 도로를 익히고 운전 습관을 바꾸었으며, 제주 방언을 배우는 등 점차 이곳의 환경에 스며들어갔다. 배를 타는 법, 장비를 다루는 법, 심지어 로드킬 당한 동물을 처리하는 법까지 익혀야 했다. 연구는 점차 돌고래만이 아니라 바다와 그 주변의 모든 환경으로 확장되었다. 장수진의 과학은 돌고래와 더불어 바다라는 거대한 실험실과 끊임없이 상호작용하고 있는 셈이다.

장수진,

버틸 수 있다면 연구는 계속된다

인터뷰 도중 불현듯 왜 어린 시절 동물원 원숭이가 떠올랐는지 깨달았다. 결코 우연이 아니었다. 연상 작용은 아마도 제주에서의 인터뷰를 앞두고 장수진이 '유인원'이라는 이름의 카페를 추천했을 때 시작되었을 것이다. 강렬한 표정의 원숭이 얼굴 아래 적힌 "You In One Field Station." 동물을 관찰하는 과학자와 원숭이가 그려진 카페. 내 기억 버튼이 눌린 건 분명 그때였다.

유인원은 일반적인 카페가 아니었다. 문을 열자마자 마치 다른 세계로 들어온 듯한 이국적인 광경이 펼쳐졌다. 1960년대 우드스톡페스티벌의 히피 감성과 세계 곳곳을 누비는 유랑자들의 거처가 뒤섞인 분위기. 그리고 그 공간을 채우는 것은 뜻밖에도 정교한 연구 장비들과 과학 서적들이었다. 자유로움과 학문적 엄격함이 기묘하게 공존하는 공간. 알고 보니 이곳은 생태학자들이 운영하는 카페였다. 과학자의 공간답게 벽면은 다양한 생태 예술 작품들로 장식되어 있었고, 서가에는 두꺼운 학술서들이 빼곡히 꽂혀 있었다.

카페 주인은 마치 오랜 친구를 맞이하듯 자연스럽게 나를 안내했다. 그가 이끄는 대로 따라가니 '연구자의 취향'이라는 수수께끼 같은 팻말이 붙은 별관에 도착했다. 문을 여는 순간, 마치 우리의 인터뷰를 위해 오랫동안 준비되어 있었던 듯한 아늑한 공간이 모습을 드러냈다. 창밖으로는 제주의 고요한 풍경이 액자처럼 펼쳐져 있었다.

제주의 바닷바람이 창을 흔드는 소리에 비로소 정신이 들었다. 돌고래가 그려진 티셔츠를 입은 장수진에게, 준비했던 질문인 그의 과거를 물었다. 어린 시절 어떤 아이였는지, 어떤 공부를 했기에 돌고래를 연구할 수 있는지, 그리고 어떤 계기로 이곳까지 오게 되었는지 알고 싶었다.

그는 어릴 때부터 생물학에 관심이 있었다고 말했지만, 그 고백에는 사이언스 키즈의 전형적인 서사와는 다른 솔직함이 담겨 있었다. 과학자가 되기 위해 특별한 노력을 기울였던 건 아니라는 말에서, 정해진 길을 따라가기보다 호기심이 이끄는 대로 흘러온 그의 여정이 드러났다.

> "어릴 때는 막연히 생물학자가 되고 싶다고 말하곤 했어요. 초등학생 때 백과사전을 보는 걸 좋아했고, 『시튼 동물기』나 『파브르 곤충기』 같은 책에 푹 빠져 있었죠. 하지만 그 꿈을 위해 뭔가 특별한 노력을 한 건 아니에요. 대학에 가기 전까지는 그저 동경 정도였다고 할까요. 다만 밖에서 돌아다니는 걸 좋아했고, 자연을 가까이하고 싶다는 생각이 있었어요. 고등학교 때는 별을 보러 다니느라 바빴고요. 생물학보다는 천문학에 더 관심을 두고 있었죠. 그래도 결국 이과를 선택했고, 대학에서 생물학을 전공하게 되었어요."

카메라에 어느 정도 익숙해졌는지 그는 시작할 때보다

훨씬 편안한 표정으로 자신의 학문적 여정을 담담하게 풀어냈다. 대학 전공을 선택할 때도 과학자가 되겠다는 굳은 결심보다는 '무언가 하면 좋지 않을까' 하는 가벼운 호기심이 그를 생물학과로 이끌었다. 구체적인 관심 분야도 없이 시작한 대학 생활은 곧 실천적인 생물학 탐구의 장이 되었다.

거미 분류를 연구하는 교수의 연구실에 발을 들인 장수진은 산과 들을 누비며 거미를 채집하고 분류하는 일에 몰두했다. 하지만 얼마 지나지 않아 단순한 형태 분석을 넘어선 질문들이 마음속에서 꿈틀거렸다. '왜 거미는 이런 행동을 하는 걸까?' 그의 관심은 점차 정적인 분류학에서 생동감 넘치는 행동생태학의 영역으로 옮겨 갔다. 이 전환은 그저 연구 주제의 변화가 아니라, 세상을 바라보는 렌즈 자체가 바뀌는 순간이었다.

그는 이화여자대학교 대학원 최재천 교수의 연구실에서 귀뚜라미 연구를 시작하게 된 우연한 계기도 들려주었다. 학부 시절 연구실에서 알게 된 박사후연구원의 소개로 귀뚜라미 행동을 연구하는 팀에 합류한 것이다. 마치 퍼즐 조각이 맞춰지듯 그곳에서 다양한 연구 프로젝트에 참여하고 실험과 관찰 기술을 익히며 과학자로서의 감각을 키워나갔다.

그리고 2013년, 장수진은 '제돌이 방류 프로젝트'에 참여하게 되고 이후 돌고래 연구로 방향을 틀었다. 그에게 돌고래 연구로의 전환은 가장 큰 도전이자 모험이었다. 한국에서는 행동생태학적으로 돌고래를 연구한 사례가 거의 없었기에, 교수들은 한목소리로 만류했다. 연구 방법도, 데이터 수집 방식도 모두 처음부터 만들어가야 하는 미지의 영역이었다. 하지만 그는 학문적 안전지대를 벗어나 새로운 길을 개척하는 일에 묘한 설렘을 느꼈다. 그때 이미 제주 바다와 돌고래의 매력에 빠졌던 걸까.

"총 8년 정도 걸렸어요. 처음 2년은 연구 방법을 익히는 데 다 썼어요. 돌고래 행동을 어떻게 관찰하고 데이터를 어떻게 수집해야 할지 기본적인 틀을 만드는 과정이었죠. 2~3년이 지나서야 본격적으로 데이터를 분석하고 연구를 진행할 수 있었어요. 특히 연구비 문제가 힘들긴 했어요. 별도의 연구 과제가 없어서 개인 장학금으로 연구비를 충당해야 했거든요. 그랬지만 연구는 할 만했어요. 차가 있었고, 잘 곳이 있었고, 데이터를 모을 수 있었으니까. 연구비 걱정이나 생활의 불편함은 크게 문제되지 않았어요. 버틸 수 있으면 연구는 계속할 수 있다고 생각했죠."

장수진은 2021년 남방큰돌고래의 행동생태 연구로 박사 학위를 받기 전부터 제주에 머물며 남방큰돌고래 생태에 대한 연구를 이어가고 있었다. 2016년에는 사회적 동물의 소리 행동을 연구하던 김미연 연구원이 제주로 내려와 장수진과 협업하게 되었고, 이 시기를 전후해 본격적인 보전 활동의 필요성을 절감하게 되었다. 두 연구자는 지속적인 논의와 계획을 거쳐 2018년, 비영리 연구기관인 해양동물생태보전연구소 MARC(Marine Animal Research and Conservation)를 설립하였다. 이는 한국에서 처음으로 돌고래의 행동생태를 전문적으로 연구하는 민간 연구소로, 민간 주도의 해양동물 보전 연구에 중요한 전환점이 되었다.

돌고래와 환경

MARC에서는 주로 남방큰돌고래와 바다거북의 행동생태 및 서식지 이용, 인간에 의한 행동 교란, 사회성의 진화에 대한 연구를 진행 중이라고 했다. 그러나 안타깝게도 최근 연구 결과에 따르면 제주 남방큰돌고래의 상황은 그리 좋지 않아 보였다. 제주환경운동연합과 함께 작성한 정책 브리핑 '제주 동부 지역 남방큰돌고래 서식지 보전'에서 1년생 새끼 사망률이 2015년 17%에서 2018년 47%로 30% 포인트 높아졌다는 결과만 봐도 그렇다.

장수진과 MARC는 이같은 위기의 주요 원인으로 인간의 어업 및 레저 활동을 지목하며, 매년 낚싯줄과 폐그물에 얽혀 고통받는 돌고래 개체가 꾸준히 발견되고 있다고 밝혔다. 그러면서 관련 피해를 줄이기 위한 실질적인 대응책 마련을 촉구하거나 보호구역 지정과 같은 정책적 조치의 확대를 위한 활동도 필요하다고 말했다.

장수진은 이런 상황에서는 대중의 관심조차 양날의 검

이 될 수 있다는 입장을 드러냈다. "관심이 높아지는 건 좋은 일이에요. 하지만 그 관심이 돌고래의 생활을 방해하지 않는 방향으로 이어져야 합니다." 이와 관련하여 장수진과 MARC의 연구원들은 시민과 함께하는 프로젝트를 통해 남방큰돌고래 출현 모니터링, 해양 쓰레기 피해 정보 공유, 바다거북 시민 모니터링 등을 진행하면서 해양동물과 인간의 공존 방안을 찾고 있다.

> "단순히 과학 정보를 전달하기보다는 구체적인 사례를 보여주려고 해요. 예를 들면 폐그물이나 낚싯줄에 걸려 다친 바다거북이나 돌고래 같은 사례들이요. 사람들은 보통 바닷속을 직접 볼 수 없기 때문에, 돌고래들이 바다에서 잘 살고 있을 거라고 생각하죠. 하지만 실제로는 그렇지 않아요. 우리가 사는 환경에서 계속 공사가 진행되듯이, 바닷속에서도 인간 활동 때문에 환경이 끊임없이 변하고 있어요. 먹이 자원이 줄고 쓰레기가 늘면서 돌고래들에게 영향을 미치는 거죠. 그래서 저는 이런 상황을 사례를 통해 전달하려고 해요. 꼬리가 없는 돌고래나 턱이 꺾인 돌고래 같은 개체들. 해외에도 비슷한 사례들이 있는데, 제주에서는 이런 식으로 나타난다고 설명하죠."

그는 연구자로서 바다에서 일어나는 변화를 사람들이 직접 느끼게 해주고 싶어 하는 눈치였다. 돌고래의 생존이 단순히 돌고래 한 종만의 문제가 아니라 바다가 건강하게 유지

될 수 있는지의 문제와 연결되어 있음을 알리고 싶은 것이다. 또한 돌고래 보전과 지역 주민의 상생 방안이 제주의 고유한 특색을 유지하는 방향으로 심도 있게 검토되어야 한다고 강조했다.

이러한 장수진과 MARC의 활동은 분명 의미 있는 움직임을 만들어가고 있다. 그간의 연구 결과와 현장 경험을 바탕으로 여러 경로를 통해 정책 담당자들과 만나 의견을 나누고, 관련 내용을 알리는 데 힘써왔다. 다만 장수진은 특정 연구 성과가 해양 보호 정책에 '직접적으로' 반영되었는지에 대해선 조심스럽게 말했다. 보호구역 지정과 같은 정책 결정은 다양한 기관과 이해관계자의 의견이 함께 고려되는 복합적인 과정이기 때문이다. MARC는 자신들의 의견이 채택되었는지를 따지기보다는 필요하다고 믿는 이야기를 꾸준히 해왔고, 그것이 언젠가 정책에 반영되기를 바라는 마음으로 활동을 이어왔다. 그 결과, 시민 모니터링 프로그램을 통해 훈련된 자원봉사자들이 해양 쓰레기를 수거하고, 돌고래 출현 정보를 공유하는 네트워크가 점차 자리를 잡아가고 있다. 이미 변화는 조용히 시작되었는지도 모른다.

장수진은 환경문제를 이야기하다 '재생에너지'가 아닌 '친환경에너지'나 '녹색에너지'라는 표현은 별로 좋아하지 않는다는 말을 꺼냈다. 이 용어들을 무차별하게 사용하고 있는 내 입장에서는 무척 흥미로운 생각이었다. 흔히들 태양광, 풍력, 수력 이런 것들을 재생이자 친환경, 또는 녹색에너지로 부

르지 않았던가. 그는 어떤 용어들은 너무 포장된 느낌이 든다고 했다. 정말 친환경적인 에너지원이라면 환경에 미치는 영향을 충분히 고려해야 하는데, 그렇지 않은 경우가 많다고 느낀다는 게 이유였다. 정말 '친환경적'인 에너지란 무엇일까.

장수진은 『마린 걸스』에서 재생에너지와 해양생태계 사이의 긴장 관계를 짧게 언급한 바 있다. 그의 설명에 따르면, 고래에게 가장 큰 위협은 언제나 인간이 야기하고 있었다. 포획, 기후위기, 환경오염, 오락성 관광 등이 대표적이다. 여기에 더해 바다를 활용한 각종 개발 역시 고래의 서식지에 해를 끼치고 있다. 재생에너지를 얻기 위해 건설되는 풍력발전 단지도 예외는 아니다. 예를 들어, 풍력 설비를 고정하기 위해 해저 지반에 말뚝을 박는 과정이나 발전 시설을 고정하고 전력을 전달하기 위해 해저에 케이블을 매설하는 과정에서 엄청난 소음이 발생한다. 돌고래를 연구하는 장수진에게 이와 같은 에너지를 친환경에너지라 부르기 어려운 마음이 드는 것은 어찌 보면 당연한 일이다.

> "맞아요. 저희는 개발을 전면적으로 반대하는 환경운동가들과 재생에너지를 무조건 확대해야 한다는 주장 사이에 위치해 있어요. 이제는 단순하게 특정 에너지원이 좋은 이유를 찾는 것이 아니라, '우리가 이 에너지를 사용하는 이유가 무엇인가?' 하는 고민이 필요하다고 생각해요. 본래 에너지를 친환경적으로 전환하는 이유는 자연의 원래 기능을 최대한 유지하면서 활용하기 위해

서잖아요. 그런데 지금 보면 오히려 자연을 파괴하면서 에너지를 개발하는 상황이 벌어지고 있어요. 예를 들어, 갯벌이 원래 이산화탄소를 흡수하고 저장하는 중요한 역할을 하는데 그 자리에 재생에너지 시설을 세운다면 결국 갯벌의 기능을 없애버리는 거잖아요. 이런 선택을 정답이라고 볼 수는 없죠."

장수진은 입장은 명료했다. 정말 자연을 위한 에너지라면, 자연이 원래 하던 기능을 해치지 않는 방향으로 접근해야 한다는 것이다. 그는 지구 시스템에서 이산화탄소를 흡수하는 기능을 숲과 바다, 갯벌이 담당하고 있다고 말한다. 우리는 탄소 배출을 줄이자고 외치지만, 정작 그런 역할을 해주는 자연환경은 점점 사라지고 있다는 데 주목한다. 갯벌처럼 탄소를 저장하는 공간을 보전하는 것이야말로 진정한 친환경이라는 것. 그런데 그 자리에 풍력발전소가 들어선다면 본말이 전도된 셈이다. 제주에서도 수백 개의 풍력발전기 추가 설치가 논의되고 있지만 그는 이 추진의 목적이 과연 무엇인지 되묻는다. 연안 생태계를 보호하려면 더 먼 바다로 나아가야 하지만, 경제성을 이유로 연안에 설치되는 경우가 대부분이다. 그러나 연안 생태계는 한번 파괴되면 복원이 쉽지 않다.

그는 한 기사에서 읽은 심해 광물 채굴 사례를 언급하며, 자연의 기능을 유지하는 것이 과연 개발보다 덜 중요한 일인가, 스스로에게 끊임없이 질문하게 된다고 했다. 자연은 서로 복잡하게 연결되어 있기에, 가능한 한 그대로 두는 것이 장기적으로는 더 현명한 선택일 수 있다는 생각이다.

장수진은 개발 자체를 반대하는 것이 아니라 반드시 추진해야 한다면 환경에 미치는 영향을 최소한으로 줄일 수 있는 위치를 신중히 선택하고 그 과정에서 수행되는 조사와 평가도 과학적이고 타당하게 이뤄져야 한다고 강조했다. 과학은 자연을 이해하는 도구여야 하지, 자연을 침묵시키는 명분이 되어서는 안 된다는 그의 태도는 연구자이자 생태 시민으로서의 성찰을 담고 있었다.

여성 과학자로서, 선배 과학자로서

창으로 길게 들어오는 햇빛에 눈이 부셨다. 얼마나 시간이 흘렀을까. 슬쩍 시계를 보니 약속된 인터뷰 시간이 끝나가고 있었다. 마무리 질문으로 공식처럼 굳어진 인터뷰 내용을 누구에게 들려주고 싶은지 물었다. 그는 전혀 예상하지 못한 답변을 건넸다.

> "사실 부모님은 안 읽으셨으면 좋겠어요. 제가 집에서는 일 이야기를 거의 안 하거든요. 제 입장에서는 재밌지만, 만날 바쁘고 배도 타고 위험해 보이는 일도 하니까 부모님이 걱정하실 것 같아요. 편하게 읽으실 내용은 아닐 것 같아요."

혹시 오늘 나의 질문 중 가족이 불편해할 만한 것이 있었는지 잠깐 반추해보았지만 떠오르지 않았다. 오히려 그가 연구 생활에서 겪었을 어려운 점에 대해을 듣지 못한 것 같아 여성 과학자로서 돌고래 연구를 하는 건 어땠는지 물었다.

장수진의 기억에 따르면 학교나 기관에서 공부를 하거나 연구를 하는 데 큰 어려움은 없었다. 그러나 현장은 조금 다르다고 했다. 남성 연구원과 함께 할 때와 여성 연구원들끼리 갔을 때 현장 분위기에서 확연한 차이가 있다고 지적했다.

"여자애들끼리 다니느냐면서 위협적으로 묻는 경우가 있었어요. 학부생이라도 남학생이 함께 있으면 그런 분위기가 만들어지지 않죠. 또 가끔 공통적으로 듣는 말이 있어요. '여잔데 잘하네.' 칭찬처럼 들릴 수 있지만 정작 듣는 입장에서는 기분이 유쾌하지는 않죠. 저는 단지 좋아서, 할 수 있어서 이 일을 하는 건데 그걸 마치 여자인데도 대단하다는 식으로 생각하고 말하는 거예요. 제주도에 와서는 아예 '여자는 배 안 태운다'고 하는 분도 있었어요. 배에 여자 태워서 좋은 일 없다는 식으로요. 여성 연구자를 조금 더 만만하게 보는 경우도 많아요. 남학생에게는 깍듯하게 대하다가, 저에게는 '아가씨'라고 부른다든지, 제가 누군지 알면서도 일부러 낮춰 부르는 경우가 있죠."

장수진은 자신이 겪는 성차별이 거대한 벽처럼 느껴진 적은 없었다고 말했다. 오히려 그것은 일상 전반에 조용히 깔려 있는 작은 자갈들에 가까웠다. 걸음을 멈추게 하진 않지만 분명히 신경을 쓰이게 만드는 것들. 과학계만의 문제는 아니라고 했다. 여성이라면 어느 분야에서나 마주칠 수 있는 풍경이다. 어떤 기관이나 시스템이 구조적으로 여성을 배제하고 있다기보다, 대부분 일상에 자연스럽게 스며든 분위기 속에서 벌어진다. 일부 남성들이 툭 던지는 말에는, 의도하지 않았을지라도 때로 차별의 기색이 담겨 있다. 하지만 그는 스스로 무심한 편이라며, 그런 말들은 일부러 귀담아듣지 않고 대체로 흘려보낸다고 했다. 그러나 모든 순간을 묵인하는 것은 아니다. 목적을 지닌 과학자로서 현장 조사에 나갔을 때는 단호한 태도로 선을 긋는다고. 표정도 굳어 있는 편이고, 농담도 잘 안 하는 스타일이라 선 긋기에 큰 어려움은 없다는 뜻이었다.

장수진은 대응 교육이 필요하지 않을까 고민하고 있다. 누군가 무례한 이유는 단순하지 않고, 오히려 상대의 위치와 역할에 따라 접근 방식을 교묘히 달리하는 데서 더욱 문제의식이 생겼기 때문이다. "그분들은 언제나 상대가 누구인지 거리 감각을 정확히 재고 들어와요. 저나 부대표에겐 한 번도 하지 않은 말을, 어린 연구원들에게는 거리낌 없이 하죠." 그렇기에 그는 이 문제를 단순히 본인의 경험으로 축소하지 않는다. 자신이 상처를 받았는지는 부차적인 문제였다. 이런 일이 부당하며 다음 세대 친구들은 조금이라도 덜 겪었으면 하는 마음이 컸다.

이 외에도 과학자로서 마주해야 하는 물리적인 조건들 역시 언급했다. 대다수 장비들이 여성에게는 무거운 것이 사실이지만 둘이서 같이 들면 되는 문제라며 담담히 덧붙였다. 불합리함에 예민하되 불필요한 포기를 선택하지 않는 사람임이 분명해 보였다.

장수진의 고충을 들으니 그럴 수도 있겠다 싶어 힘들어 보이는 이야기는 가급적 쓰지 않겠다는 공수표를 날리고는, 그럼 후배들이나 진로를 고민하는 학생들은 어떨까요, 하고 되물었다.

그는 곰곰이 생각하더니 문득 이런 생각을 할 때가 있다고 했다. 하고 싶은 일을 해보는 선택, 그건 어쩌면 꽤 괜찮은 일이 아닐까. 그런데 그것이 말처럼 쉬운 일은 아니다. 그도 경험했고, 나도 알고 있듯이 학부생도, 대학원생도 저마다 학점과 진로 사이에서 아슬아슬하게 균형을 잡고 있으니까.

장수진의 연구실에 인턴으로 왔던 친구들은 돌고래 연구가 정말 해보고 싶어서 왔던 경우라도 금세 막막함을 털어놓았다고 한다. 돌고래 연구라는 낯선 영역은 한국에서는 유독 좁고 외로운 길처럼 느껴졌을 것이다. 그래서 좋아서 시작했다가도 결국은 눈에 띄는 성과가 보장되는 길, 조금 더 수익이 따르는 진로를 택하는 이들도 있었을 터. 장수진은 그 선택도 이해한다고 했다.

그 역시 처음부터 모든 계획이 있었던 건 아니었다. "그냥 이렇게 살아왔고, 그러다 보니 또 어떻게든 되더라고요."

그의 말은 무책임해 보일 수도 있다. 그래서 누군가에게 그렇게 살라고 쉽게 권하지는 않았다. 하지만 하고 싶은 일을 무조건 억누르지 않아도 된다는 생각은 분명하게 갖고 있었다.

지금의 청춘들처럼 취업과 안정적인 삶을 고민해본 장수진이었기에 그 시기를 지나는 젊은이들에게 조금쯤은 원하는 것을 시도해보는 것도 괜찮다는 그의 말이 진정성 있게 들렸다. 인구도 줄고, 언젠가는 대학원생이 귀한 시대가 올지도 모른다. 그때가 되면 오히려 지금처럼 이것저것 시도해본 경험이 더 큰 자산이 될 수도 있으니까 실패를 너무 두려워하지 않았으면 좋겠다는 말.

"돌고래처럼 야생에 있는 생물들을 연구하다 보니 정말 마음대로 되는 게 하나도 없어요. 대부분이 실패예요. 그러다 어느 순간 '됐다!' 하는 게 나오는 거죠. 그래서 그 실패 하나하나에 스트레스를 받으면 더 힘들어질 수 있어요. 저는 그냥, 적당히 대충 살고 있습니다."

하지만 그 '대충'에는, 오랜 시간 버텨낸 사람만이 가질 수 있는 단단한 무게가 실려 있었다.

인터뷰를 마치고 원숭이가 그려진 카페를 나와 공항으로 돌아가는 길, 차창 밖으로 바다가 보였다. 끝없이 펼쳐진 수평선 어디엔가 그가 연구하는 돌고래들이 자유롭게 헤엄치고 있을 것이다. 생각해보면 장수진의 삶은 그가 연구하는 돌

장수진,

고래와 닮아 있었다. 정해진 길을 따르기보다 자신만의 방향을 찾아 헤엄치며, 때로 실패하고 좌절하면서도 그 과정 자체를 살아가는 삶. 어쩌면 우리에게 필요한 것은 완벽한 계획이 아니라 그저 눈앞에 펼쳐진 푸른 바다로 한번쯤 뛰어들 용기가 아닐까.

이원령, 바이오 센서를 연구하는 마음

한 번도 실수를 해보지 않은 사람은

한 번도 새로운 것을 시도한 적이 없는 사람이다.

- 알베르트 아인슈타인(Albert Einstein)

이원령은 한국과학기술연구원(KIST) 센서시스템연구센터에서 미래형 의료기기를 연구하는 과학자다.(2025년 9월부터 서울대학교 첨단융합학부 부교수로 재직하고 있다.) 그는 환자들의 삶을 혁신적으로 변화시킬 수 있는 기술을 개발 중이다. 당뇨 환자가 손끝을 찔러 혈당을 측정해야 했던 기존 방식과 달리, 피부에 부착하기만 하면 채혈 없이 2주 동안 혈당을 측정할 수 있는 센서가 그 예다.

이원령의 연구실은 여러 분야를 넘나든다. 신축성 있는 기판 위에 전극을 패터닝하는 기술, 피부 접착제를 정밀하게 배열하는 기술, 그리고 생체 삽입형 기기를 위한 유연한 전자회로까지. 그는 완성된 제품 하나를 만들기 위해 다양한 요소 기술을 조합하는 플랫폼 연구를 수행한다. 목표는 오히려 단순하다. 몸속의 데이터를 지속적으로 읽어낼 수 있는, 궁극적으로 환자들이 부담 없이 사용할 수 있는 생체 이식 전자 의료기기를 개발하는 것.

연구자로서 이원령은 문제 해결의 과정 자체를 즐긴다. '이게 될까?'라는 질문에서 출발한 아이디어가 실현될 때까지 끊임없이 고민하고 실험한다. 하나의 기술이 완성되면, 그것을 어떻게 확장할 수 있을지를 다시 연구한다. 혈당 센서에서 출발한 연구는 갑상선 질환, 우울증, 암 환자의 재발 모니터링까지 확장되고 있다. 그는 과학이 단순히 새로운 데이터를 얻는 일이 아니라 그 데이터를 어떻게 활용할지를 고민하는 학문이라고 믿는다.

대학에서 전기전자공학을 전공한 그는 처음부터 바이오 분야를 꿈꾼 것은 아니었다. 석사 후 기업에 취업할 계획이었지만, 연구가 주는 탐구의 즐거움을 발견하면서 과학자의 길을 걷게 되었다. 일본에서 박사 학위를 마친 후 귀국해 한국과학기술원(KAIST)에서 박사후연구원으로 활동했고, 이후 KIST에서 본격적으로 의료기기 연구를 시작했다. 처음부터 과학자를 꿈꾼 자가 아니라도 누구든 과학자가 될 수 있다고 말하는 그의 모습에서 탐구하는 기쁨과 사회적 책임을 동시에 실천하는 연구자의 태도를 엿볼 수 있다.

2023년 말, 인터넷을 뜨겁게 달군 사진 몇 장이 있었다. 어느 뉴스 화면에 등장한 연구원들의 얼굴을 캡처한 사진이었다. 한국과학기술연구원(KIST)에 소속된 사람들이었다. "연구원분 외모 뭐야?" "신뢰가 안 가는 연구원 관상" 같은 제목이 붙은 게시물들이 대학 커뮤니티에서부터 스포츠 커뮤니티, 직장인 커뮤니티까지 온갖 사이트를 휩쓸었다. 댓글 반응도 흥미로웠다. "KIST가 새로운 아이돌 그룹 이름인가요?"라는 말에 누구는 맞장구를 쳤고, "이게 기사 영상인지 화보 영상인지"라며 감탄을 금치 못하는 이도 있었다. 나 역시 그때쯤 어디선가 그 사진을 보았다. 영화나 드라마에서나 볼 법한 외모의 사람들이 흰 실험복을 입고 있었다.

그때는 그저 '잘생긴 과학자가 있구나' 하고 여겼다. 인터넷에서 하루에도 수십 개씩 등장하는 화제 속 인물들처럼, 그 사진도 내 기억에서 빠르게 사라졌다. 그렇게 1년 하고도 수개월이 지나, 과학자 인터뷰이를 물색하던 중 눈에 익은 얼굴을 다시 마주쳤다. TV 프로그램 〈브라보 K-사이언티스트〉에 소개된, 생체 삽입형 센서 개발자 이원령. 기억을 더듬어보니 그때 인터넷을 떠돌던 사진 속 인물과 겹쳤다.

이원령이 하고 있는 연구를 찾아보니 그는 외모에 국한해 화제를 끌 인물이 아니었다. 특히 피부에 부착만 하면 혈당 측정이 가능한 센서를 개발했다는 내용에 눈길이 갔다. 채혈 없이 혈당을 모니터링할 수 있는, 기존 혈당 측정 방식의 불편함을 해결하는 혁신적인 기술이었다. 이 기술은 혈당 센서뿐 아니라 우울증, 갑상선 질환, 암 재발 모니터링 등 다양한 의료 분야로 확장될 가능성이 크다는 점도 흥미로웠다. 더욱이 그는 일본에서 학위를 받고 귀국해 이 연구를 이어오고 있다고 했다. 이쯤 되니 그의 연구 분야도, 그가 걸어온 길도 궁금증을 불러일으켰다.

그를 직접 만나보기로 했다. KIST를 찾아가는 길 위에서 기분이 묘했다. 과학자 인터뷰가 처음도 아니건만 느낌이 달랐다. 인터넷에서 주목받은 인물을 실제로 마주한다는 것이 이상하게도 실감이 나지 않았다. 연구실 문을 두드리며 생각했다. 그는 온라인에서의 반응을 알고 있을까? 연구에는 어떤 영향을 줬을까? 쓸데없는 생각인 줄 알면서도 문이 열리는 순간만큼은 호기심이 가득 차올랐다. 과학자를 만나러 가는 길이 이렇게 설레는 일일 줄이야.

생체 이식 전자 의료기기

연구실 문이 열리자, 눈앞에 인터넷을 떠들썩하게 만든 그 얼굴이 나타났다. 큰 키에 단정한 외모, 그리고 선한 인상이 눈길을 멈추게 했다. 이원령은 환한 미소로 반겨주었다. 다정하고 차분한 태도 속에서 상대를 편안하게 해주는 온화함이 느껴졌다. 누구에게나 좋은 사람일 것 같았다.

유명인을 직접 만나 뵙게 되어 영광이라고 가볍게 농담을 던지자 그는 손사래를 치며 웃었다. "그때 잠깐 주목을 받앉던 건 맞지만, 지금은 그렇지 않아요." 당시 유명한 방송 프로그램을 비롯해 여러 곳에서 섭외 문의가 왔지만 연구 외적인 관심을 피하고 싶어 과학 콘텐츠 외의 섭외나 인터뷰는 사양했다고 한다. 그는 담담하면서도 분명한 어조로, 업무 외 활동으로 연구에 방해를 받고 싶지 않았고 그 마음은 지금도 마찬가지라고 밝혔다.

최근 몇 년간 진행 중인 이원령의 주요 연구는 피부 부착형 혈당 센서 개발이다. 당뇨 환자들은 혈당 관리를 위해 매일 손끝을 찔러야 하는 불편을 감수하고 있는데, 이원령은 이러한 어려움을 덜어내기 위해 마이크로니들 기술을 활용한 새로운 방식을 고안했다. 채혈 없이 피부에 부착만 하면 혈당을 측정할 수 있는 이 센서는, 유연한 기판 위에 구현되어 무게가 10mg에 불과하고 바늘 길이도 1mm 이하로 극히 작다. 일상에서도 자유롭게 움직이며 간편하게 혈당을 실시간으로 확인할 수 있는 길이 열린 것이다.

잘 보이지 않을 정도로 미세하고도 가벼운 장치 속에 어떤 기술이 숨어 있을까? 이 센서는 피부 접착제와 젤 전해질이 정밀하게 코팅되어 피부에 안정적으로 부착된다. 그다음 마이크로니들에 전기적 신호를 가해 피부 밑 간질액의 포도당 농도를 측정하는 방식이다. 이원령은 기존의 딱딱한 디바이스에서 벗어나 피부처럼 유연한 소재를 선택함으로써 피부 트러블을 최소화했고, 광패턴 기술을 이용해 젤 전해질과 피부 접착제를 더욱 정밀하게 패턴화했다. 그 결과, 센서의 정확도와 안정성이 크게 향상되어 2주 동안 연속적으로 혈당을 모니터링할 수 있게 되었다.

이원령은 이 기술이 전통 제조 공정을 그대로 적용할 수 있도록 설계되었기 때문에 대량생산이 용이하다고 설명했다. 상용화가 이루어진다면 기존의 혈당 측정 기기보다 더 저렴한 가격으로 공급될 가능성도 있다는 뜻이다. 이는 센서가 그저 실험실 기술에 머물러 있지 않음을 의미한다. 그는 현재 진행 중인 연구에 대해 설명을 이어나갔다.

"요즘은 이전에 기사화됐던 연구를 더 발전시키는 데 집중하고 있어요. 당시 소개된 연구는 마이크로니들 기반의 디바이스로, 피부 아래 삽입해 체내 정보를 측정하는 기술이었습니다. 처음에는 혈당을 측정하는 용도로 개발했지만, 지금은 혈당뿐 아니라 다양한 바이오 마커*를 감지하는 방향으로 확장되고 있어요. 센서가 체내에 직접 접근이 가능하기 때문에 활용 범위가 훨씬 넓어지고, 기존의 비침습적 방식보다 더 정밀한 데이터를 얻을 수 있습니다."

이원령은 체내 삽입 기술만이 핵심이 아니라고 강조했다. 삽입형 센서가 체내에서 장기간 안정적으로 작동하기 위해서는 많은 첨단 기술이 필요하다는 것. 바이오 마커를 선택적으로 감지할 수 있는 고도화된 센싱 기술과 생체 친화적인

---

* 몸속 상태에 따라 변하는 세포, 혈관, 단백질, DNA 등을 이용해 신체 변화를 알아낼 수 있는 지표.

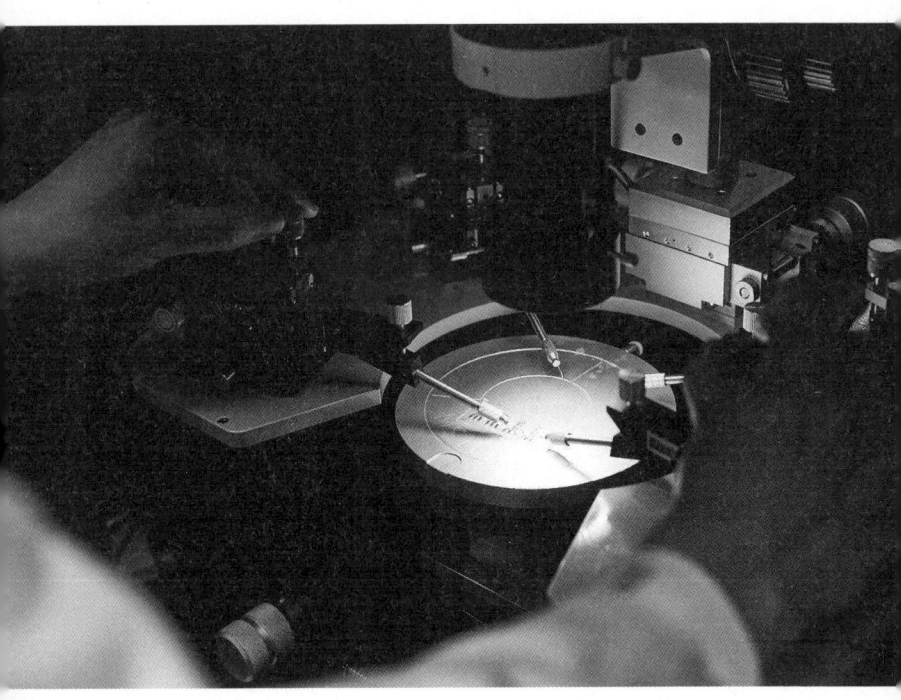

재료를 활용하는 연구, 초소형 저전력 회로 설계, 생체 신호를 왜곡 없이 전달할 수 있도록 신축성이 가미된 전극과 보호층(패시베이션) 기술 등이 이에 해당한다.

그는 자신의 연구 방향을 다음과 같은 방식으로 정의했다. 생체 삽입형 디바이스를 통해 장기간 체내 데이터를 안정적으로 수집하고 분석할 수 있는 플랫폼의 구축. 만약 그의 연구가 결실을 맺는다면 삽입형 생체 센서로 우리 몸의 이상 반응을 즉시 알게 되어 조기에 진단하고 치료할 수 있는 이상적인 의료 시스템이 구현될 수 있다. 이를 실현하기 위해 이원령은 센서 기술, 재료 연구, 전자회로 설계 등 다양한 요소 기술 연구를 동시에 진행하고 있었다.

융합과 창의성

플랫폼이란 무엇인가. 요즘 워낙 자주, 여러 분야에 등장하는 용어라 단어 자체가 낯설지는 않지만, 플랫폼이라는 말에는 생각보다 훨씬 오래되고 유연한 역사가 있다. 중세 프랑스어에서 'plate-forme'에서 유래한 이 단어는 본래 '평평한 형태'를 의미했다. 그러다 행동 계획이나 스케치를 뜻하게 되었고, 16세기에는 높은 곳에 위치한 평평한 표면을 가리키는 말로 확장되었다. 이후 시대가 변하면서 플랫폼은 철도역에서 승객들이 서 있는 공간을 뜻하기도 했고, 정치 분야에서는 정책과 이념을 담은 선언문을 가리키기도 했다.

과학기술 분야에서 플랫폼은 1987년 무렵 새로운 의미를 얻게 되는데, 바로 소프트웨어 애플리케이션이 실행되는 표준 시스템 아키텍처나 기반을 지칭하는 것이었다. 이 기술적 정의는 제품 개발을 넘어 플랫폼 기반 연구와 비즈니스 관리로까지 범위를 넓혀, 현재는 다양한 분야에서 핵심적인 연구 접근 방식으로 자리 잡고 있다. 일반적으로 데이터 중심 접근, 협업과 개방성, 융합 연구 촉진, 공공 문제 해결, 인공지능 활용 등을 특징으로 꼽는다. 이원령의 연구는 여러 분야의 데이터와 기술을 통합하여 새로운 연구 방향을 모색한다는 측면에서 플랫폼 기반 연구인 셈이다.

> "예를 들어 스마트폰의 경우, 애플이나 삼성이 처음 만들었지만 그렇다고 그 안의 모든 요소를 직접 개발한 것은 아니잖아요? 중요한 건 개별 요소 기술이 아니라, 이 기술들을 어떻게 조합해 최적의 플랫폼을 만드는가죠. 스마트폰은 통화 기능 외에 다양한 기능이 더해지면서 지금처럼 발전했잖아요. 우리 연구도 마찬가지로 다양한 요소를 융합해 새로운 생체 삽입형 의료 플랫폼을 구축하는 것이 목표입니다. 하나의 플랫폼을 만들면 여러 가지로 응용이 가능해지고, 분야도 다양하게 확장할 수 있는 기반이 되는 거죠."

이원령 연구의 특이점은, 끝을 알 수 없는 막연한 기술 개발이 아니라는 점이다. 그의 머릿속에는 최종 목표가 명확하게 잡혀 있었다. 체내에서 지속적으로 데이터를 측정할 수 있는 생체 삽입형 센서의 개발이다. 하지만 그 목표에 도달하려면 여러 기술의 완성이 필요하며, 이는 점진적인 축적과 단계별 검증을 통해 이루어질 수 있다. 그래서 현재는 피부에 부착하는 센서를 먼저 개발해 기술을 실험하고 있다. 궁극적으로 삽입형 센서로 발전시키기 위해서는 배터리 문제를 해결해야 하고, 체내에서 장기간 안정적으로 작동할 수 있도록 생체 친화적인 소재를 적용해야 한다. 이 과정에서 새로운 기술이 하나씩 완성될 때마다 논문이 나오고, 연구 방향은 조금씩 더 정교해진다.

그는 자신의 연구를 '아이디어 연구'라고 말한다. 기존 기술을 단순히 개선하는 것이 아니라, 완전히 새로운 개념을 만들어내고 그것을 현실화하는 과정이기 때문이다. 마이크로니들 센서를 개발할 때도 마찬가지였다. 기존의 유기 전자 소자를 활용하면서도 마이크로 LED를 결합해 광학적 변화를 측정하는 방식을 새롭게 고안했다. 이 과정에서 마이크로 LED 설계 전문가와 협업했고, 공정 기술을 함께 연구하며 완전히 새로운 형태의 센서를 개발했다. 기존 기술을 조합하기만 해서는 새로운 연구가 될 수 없다. 각 요소가 최적의 성능을 내도록 배치하는 과정에서 창의성과 융합이 이루어진다.

우리는 흔히 창의성을 새로움과 동일시하여 말하곤 한다. 창의적인 사람은 무언가 새로운 것을 발견하는 사람으로 떠올리기 쉽다. 과학학자 홍성욱은 새로운 것을 발견한다고 모두 창의적인 것은 아니라고 말한다.[*] 그에 따르면 창의성에는 '새로움'과 '가치'라는 요소가 내재되어야 한다. 예컨대 어느 나무의 잎 개수를 모두 계수하더라도 그 결과가 창의적인 발견이라고 하지 않는다.

그렇기에 과학적 창의성을 발휘하려면, 다양한 요소를 결합해 사고하는 방식이 필요하다. 이미 있는 개념이나 이론을 새롭게 조합하여 혁신적인 가설을 제시하거나, 다른 분야의 지식을 활용해 문제를 해결하는 방식이 이에 해당한다. 과학자들이 실험을 설계할 때도 그저 새로운 시도를 하는 것이 아니라 기존 연구들과의 연결고리를 찾고 이를 바탕으로 유의미한 결과를 도출해야 창의적인 연구로 인정받는다. 사실을 발견하는 데 그치지 않고 기존 지식과 새로운 아이디어를 결합해 가치를 창출할 때 비로소 창의적인 결과물이 도출되는 것이다.

과학사를 살펴보면 여러 학문적 결합을 통해 뛰어난 업적을 낸 사례가 많다. 아이작 뉴턴은 물리학을 연구했을 뿐 아니라 데카르트의 철학을 공부하고 연금술까지 탐구하며 고전물리학의 기초를 다졌다. '근대 화학의 아버지'라 불리는 앙투안 라부아지에는 물리학자들과 교류하며, 화학이 물리학만큼 체계적이고 엄밀하지 않다는 점을 깨닫고 화학을 더 정밀한 학문으로 발전시키는 과정에서 산소의 역할을 밝혀냈

---

[*] 홍성욱, 「과학적 창의성, 어떻게 키울까」, 『The Science Times』, 2003년 1월 17일 자.

다. 슈뢰딩거는 양자물리학을 연구하다가 생물학으로 전향해 『생명이란 무엇인가』를 집필하며 유전자를 정보 전달 요소로 해석하는 새로운 관점을 제시했다. 이처럼 학문 간 경계를 허물고 새로운 시각을 받아들인 과학자들은 혁신적인 발견을 이루어냈고, 과학의 지평을 넓혔다.

이러한 경향은 최근 들어 더욱 활발하다. 예컨대 인공지능을 활용한 유전체 분석과 정밀 의학 기술, 나노기술과 재료과학의 융합을 통한 스마트 센서나 에너지 저장 시스템은 새로운 가치를 창출하며 산업 전반에 큰 영향을 미치고 있다.

인공지능과 뇌과학의 경계를 허물며 딥러닝 발전에 기여한 제프리 힌턴(Geoffrey Hinton)을 보라. 힌턴은 뇌의 신경망 구조와 정보처리 방식을 모방하여 인공신경망 알고리즘을 개발하였고, 그의 연구는 컴퓨터과학, 신경과학, 통계학 등 여러 분야의 지식을 통합한 융합 연구의 대표 사례로 평가받는다. 다양한 분야의 기술과 지식이 융합되어 발현되는 시너지 효과는 신기술 개발을 넘어 사회 전반에 혁신적인 변화를 가져온다.

전공이 뭐예요?

이쯤 되니 이원령의 과거가 궁금하지 않을 수 없다. 그는 어떤 길을 걸어왔기에 이렇게 다양한 연구를 아우르는 창의적

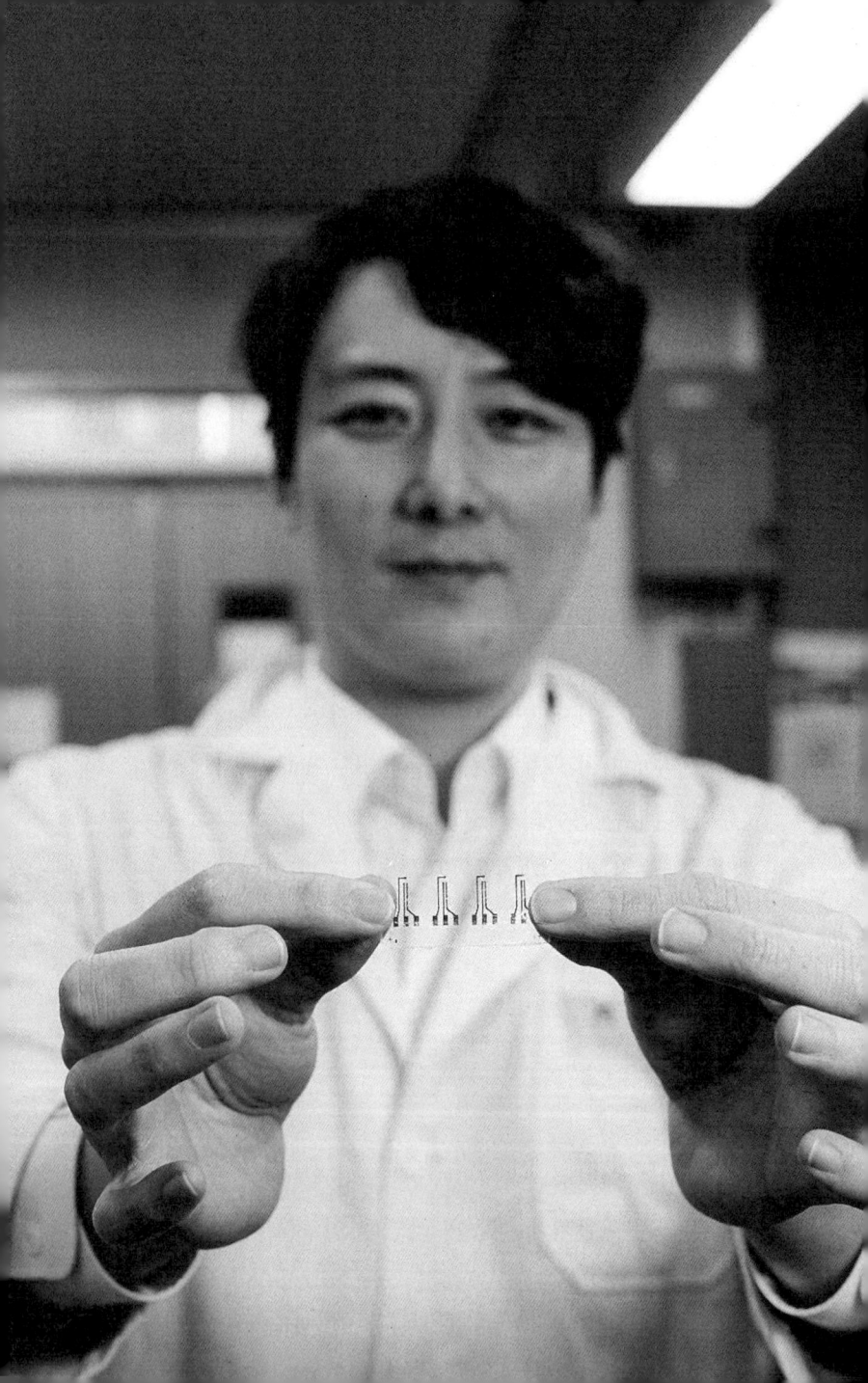

인 프로젝트를 이끌 수 있는 걸까?

이원령은 일본 나고야대학에서 물리공학을 전공했다. 어릴 때부터 수학을 좋아했고, 수를 계산하고 문제를 푸는 것에 자신이 있었다. 학부 시절 그는 연구실에 소속되어 양자 스핀 액체라는 개념을 연구했는데, 이는 열역학 법칙을 위배하는 것처럼 보이는 특정 자연현상을 해석하는 일이었다. 말하자면 이론과 실험을 통해 눈에 보이지 않는 현상을 이해하려는 시도였다. 하지만 연구를 하면 할수록 '이건 어디에 쓰이는 걸까?'라는 의문이 떠나지 않았다. 지적 호기심만으로 평생을 연구할 자신이 없었다. 그는 좀 더 사람들에게 직접적인 영향을 미치는 연구를 하고 싶었다. 그렇게 해서 전기전자 분야로 방향을 틀었다.

> "양자 스핀 액체와 관련된 연구는 이론 연구라기보다는 실험적으로 검증하는 연구였어요. 기존 이론을 실험을 통해 입증하거나 반박하는 과정이었죠. 그런데 이런 연구를 하다 보니 뭐랄까, 끌림이 없었어요. 고등학생 때까지는 단순히 수학 문제를 푸는 게 재미있었는데, 어느 순간 그런 방식으로 연구를 한다는 게 저와는 맞지 않더라고요. 그래서 사람들에게 더 직접 연결될 수 있고 보이는 형태의 결과물이 나오는 전공을 찾고 싶었어요. 그중 하나가 전기전자였어요. 전공을 바꾸기로 결심했죠."

이원령은 대학원에 진학하기 위해 다시 전공 공부를 해

야 했다. 일본 대학원은 입학시험을 통해 연구실을 배정하는 시스템이었다. 물리공학을 전공했던 그가 전기전자공학 시험을 치르려면 새 과목들을 처음부터 다시 익혀야 했다. 하지만 그는 주저하지 않았다. 결국 도쿄대학 대학원 전기전자공학과에 합격했고, 연구실에 들어가자마자 '생체 센서 연구'를 제안받았다. 당시 그는 무슨 연구를 하는지도 정확히 알지 못한 채, 선배들이 들어가기 어렵다니까 도전해보겠다는 치기 어린 마음으로 지원했다. 그렇게 시작된 연구였지만 그는 이 분야에서 예상보다 더 큰 즐거움을 발견하게 된다.

이원령이 맡은 연구는 '생체 신호 감지 센서'였다. 뇌나 근육, 신장에서 발생하는 생체 전기신호를 감지하는 기술을 개발하는 것이 목표였다. 이 연구는 단순한 신호 감지가 아니라 대면적 측정을 목표로 했다. 쉽게 말하면, 텔레비전 화면이 수많은 LED 픽셀로 구성된 것처럼 센서를 촘촘하게 배열해서 생체 신호를 이미지화하는 것이 핵심이었다. 문제는 연구실에서 처음 시도하는 연구라는 점이었다. 선배도 없었고, 교수도 바빴다. 그에게 선택지는 하나뿐이었다. 혼자 해결하는 것.

그는 논문을 찾아 읽고 실험을 반복하며 연구를 쌓아갔다. 실패도 많았다. 실험이 잘못되면 밤새 고민하고, 작은 성공이 보이면 며칠이고 몰두했다. 마침내 얇은 기판 위에 생체 신호 센서를 배열하는 데 성공했고, 이를 투명하게 만들고 신축성까지 갖추게 했다. 최종적으로는 심장에 부착해 신호를 읽을 수 있도록 설계했다. 하지만 연구를 마치고 나니 한계를 느꼈다. '이 분야에서 내가 할 수 있는 건 다 한 것 같다.' 그는 새로운 도전을 원했다.

한국으로 돌아온 이원령은 병역특례로 카이스트에서 연구를 이어갔다. 그곳에서 만난 배병수 교수가 '하고 싶은 연구를 마음껏 해보라'며 기회를 주었을 때 이원령의 마음속에는 이미 하고 싶은 연구가 있었다. '전기신호는 충분히 다뤄봤다. 이제는 생화학 신호를 연구해봐야지.' 그는 마이크로니들 개발을 목표로 삼았다. 초고령사회가 눈앞으로 다가온 현실과 건강에 대한 사회적 관심이 그의 관심사를 바이오 분야로 이끈 것이다.

문제는 기술이었다. 마이크로니들을 제대로 만들려면 재료공학에 관한 깊은 이해가 필요했다. 이원령은 다시 기초부터 공부하며 카이스트 신소재공학과의 한 연구실로 들어갔다. 그곳에서는 스마트폰 디스플레이용 하드커버 소재를 연구하고 있었고 대부분은 그것이 바이오와 연결될 수 있다고 생각하지 않았지만 그는 달랐다. 처음 본 순간, 그것이 바이오 센서로 확장될 수 있으리라고 직감했다.

> "흥미로웠던 점은, 원래 연구실이 마이크로니들을 연구하는 곳이 아니었다는 거예요. 그 연구실에서는 스마트폰 디스플레이의 하드커버 소재를 연구하고 있었죠. 그런데 저는 그 기술이 마이크로니들 개발에 적합할 것 같다는 생각이 들었어요. 연구실에서

는 이 기술을 바이오 분야에 적용할 생각을 하지 못하고 있었는데, 저는 그걸 보자마자 '이걸 바이오 센서에 적용하면 엄청난 결과를 낼 수 있겠다!' 확신했죠."

결국, 이원령은 이를 이용해 새로운 바이오 센서 플랫폼을 개발했다. 그는 늘 새로운 분야를 배우고, 다른 전공을 넘나들며 연구를 확장했다. 하나의 길을 정하면 끝까지 파고들지만, 거기에서 만족하지 않고 새로운 길을 찾아 나섰다. 그렇게 물리에서 전기전자, 전기전자에서 바이오 센서, 그리고 바이오 센서에서 생화학 신호 분석으로 끊임없이 자신의 연구를 확장해왔다. 여러 전공을 넘나들며 쌓은 경험과 지식이 오늘날 그가 이끄는 융합 연구의 근간이 되었다. 한 분야에만 머무르는 연구가 아니라 서로 다른 요소를 결합해 새로운 가능성을 만들어내는 연구. 그것이 바로 이원령이 걸어온 길이었다.

일본에서 과학하기

인터뷰를 준비하면서 가장 궁금했던 것은 '왜 일본이었을까?'였다. 공개된 그의 학력에 출생지나 중고등학교 졸업 정보는 없었기에 혹시 재일 동포는 아닐까 추측했었다. 혹시 한국어보다 일본어가 편하면 인터뷰 준비를 어떻게 해야 할지 걱정 아닌 걱정도 들었다. 하지만 대화를 할수록 어떤 이질감도 느껴지지 않고 동년배 친구 같은 느낌이 들었다. 그래서 물었다.

"일본으로 간 이유가 있을까요?"

이원령은 마치 기다렸다는 듯 준비된 답을 담담하게 풀어놓았다. 그는 고등학생 때 한국의 대학 입시 시스템이 자신과 맞지 않는다고 판단했다. 수학과 과학 과목 성적은 뛰어났지만 언어 영역은 낯설고 어려웠다. 시조나 문학작품을 분석해서 정답을 찾는 일이 도무지 와닿지 않았고, 그걸 이해해야만 좋은 대학에 갈 수 있다는 게 불합리하게 느껴졌다. 그는 언어 영역 점수를 반영하지 않는 대학을 찾던 중 결국 일본 대학이 최적의 선택이라는 결론을 내렸다. 일본의 입시 시스템은 전공과 관련된 과목 중심의 시험만으로 평가하기 때문이었다. 더구나 일본과 한국 정부가 운영하는 장학 프로그램 덕분에 학비와 생활비까지 지원받을 수 있었기에 어렵지 않게 일본 유학을 결정했다.

물론 일본어를 할 줄 알았던 건 아니다. 다행히도 장학생들에게는 1년간의 언어 연수 과정이 제공되었고 그는 경희대 국제교육원에서 6개월, 일본에서 6개월을 배우며 기본기를 쌓았다. 일본어를 잘 못하는 상태에서 일본 대학을 가는 게 두렵지는 않았는지 물었을 때 그는 고개를 저었다.

"전혀요. 저는 새로운 걸 해보는 걸 좋아해요. 처음엔 힘들어도 결국엔 다 적응할 수 있다고 생각하거든요. 오히려 외국어로 공

이원령,

부하는 과정에서 더 논리적으로 사고하는 법을 배우게 됐어요."

일본 유학은 도전의 시작일 뿐이었다. 그는 대학원 시험을 준비하면서 다시 한번 자신의 한계를 시험해야 했다. 일본의 대학원 입시는 한국과 달랐다. 수능처럼 과목별로 시험을 치르고 성적순으로 연구실을 배정받는다. 다시 말해, 원하는 연구실에 들어가기 위해서는 해당 분야의 전공 지식을 철저히 쌓아야 했다. 학부에서 물리공학을 전공한 그였지만 대학원에서는 전기전자공학을 전공하기로 결정했기에 기본 개념부터 새로 공부했다. 남들은 학부 4년 동안 쌓은 지식을 몇 개월 만에 따라잡아야 했던 것이다. 그는 매일같이 책을 붙잡고 씨름했다며, 그때가 본인 인생에서 가장 공부를 많이 했던 시기라고 회상했다.

일본에서 연구자로 성장하는 과정에서 이원령이 가장 뚜렷하게 마주한 것은 연구를 대하는 태도와 문화 차이였다. 일본의 연구실에서는 '오랜 시간 한 가지 분야를 깊이 파고드는 것'을 중요하게 여겼다. 연구자는 맡은 주제에 묵묵히 매달리며 당장 성과가 나오지 않더라도 연구 자체의 가치를 인정받았다. 반면 한국에서는 연구 주제가 더 유동적이었다. 최신 트렌드를 반영하고 빠르게 성과를 내야 한다는 압박이 있었다. 그는 일본과 한국이 과학 연구를 바라보는 시각 자체가 다르다고 설명했다.

"한국에서는 연구 방향이 계속해서 바뀌고, 새로운 기술이 나오면 연구실도 그에 맞춰 변해야 하는 경우가 많아요. 하지만 일본에서는 한번 정한 방향을 흔들림 없이 지속하는 경우가 많죠. 한국에서는 연구 트렌드를 따라가지 않으면 연구비를 받기 어렵기도 한데요. 하지만 일본에서는 자기 분야 연구를 지속할 수 있도록 장기적인 지원이 이루어지는 편이에요."

이원령은 한국에서는 연구비 확보가 연구자들의 주요 과제이다 보니 그에 맞춰 연구 주제가 정해지는 경우가 많다고 말했다. 즉, 연구자가 본인이 원하는 연구를 지속하기보다는 정부나 기업이 지원하는 방향으로 연구를 진행할 수밖에 없는 구조라는 것이다. 일본에서 노벨상 수상자가 나오는 것 역시 이런 차원에서 이해할 수도 있다고 덧붙였다.

그에 따르면, 연구실 내 문화에서만이 아니라 연구비 운영 방식 면에서도 일본과 한국이 상당히 달랐다. 특히 대학원생들의 인건비 지급 방식이 대표적인 차이였다고.

"일본에서는 대학원생들에게 월급을 지급하지 않아요. 대학원은 교육기관이니까 교수들이 학생들에게 돈을 줄 필요가 없다는 입장이죠. 반면 한국에서는 연구 과제 수행에 학생들이 중요한 역할을 하기 때문에 인건비 지급이 일반적이에요. 제가 지금 한국에서 운영하는 연구실 예산의 10%만 있어도 일본에서는 충분히 연구가 가능할 거예요."

이러한 차이는 연구실 운영에도 영향을 미친다. 일본은 학생 인건비 부담이 없으니 연구비를 더 유연하게 사용할 수 있다. 하지만 이 시스템에도 단점은 있다. 학생들이 생계를 위해 아르바이트를 해야 하는 경우가 많아 연구에 대한 동기부여가 상대적으로 약할 수 있다는 것. 이를 보완하고자 일본 정부는 연구를 계속하려는 학생들에게 다양한 장학금을 통해 지원을 아끼지 않는다. 이원령 역시 장학금을 받으며 학업을 이어갈 수 있었다. 그는 우리나라도 연구비 지원보다 장학금 제도를 더 활성화해서 학생들이 연구에만 집중할 수 있는 환경을 만들었으면 좋겠다고 했다. 연구비 운영 방식 하나만으로도 연구자들이 연구에 몰입하는 방식과 환경이 크게 달라질 수 있음을 강조했다.

두 나라의 연구실 문화에도 차이가 있었다. 일본의 연구실은 비교적 보수적인 분위기 속에서 운영되고 교수의 지도를 따라 학생들이 차근차근 연구를 수행하는 방식이었다. 이 때문에 개인이 새로운 아이디어를 내고 독자적으로 실험을 시도하기에는 다소 제약이 따랐다. 반면 한국의 연구실은 상대적으로 자유로운 편이었다. 교수와 학생 간의 경계가 일본보다 느슨했고 연구자 개인이 창의성을 발휘할 기회도 많았다.

일본에서 학생들은 대개 교수의 지시에 따라 연구를 수행하는 데 비해 한국에서는 학생들이 먼저 아이디어를 제안하고 실험을 시도하는 경우도 많았다. 일본이 정해진 연구를 깊이 있게 파고드는 문화라면 한국은 보다 유연하게 새로운 시도를 장려하는 분위기인 셈이다. 이러한 차이는 연구의 방향과 연구자들의 태도에 영향을 미칠 수밖에 없다.

이원령은 한국과 일본, 두 나라의 연구 문화를 경험하며 각기 다른 한계와 가능성을 체감했다. 그는 어느 한 방식에만 의존하기보다 두 문화 속에서 자신에게 맞는 요소들을 흡수해 나갔다고 했다. 그리고 지금의 그는 그렇게 축적된 경험을 바탕으로 자신만의 연구 문화를 만들어가고 있다. 한 분야를 깊이 파면서도, 필요할 때는 타 분야의 경계를 넘나들 수 있는 유연함. 이 균형 속에서 자신이 가장 잘 움직일 수 있다고 느낀다.

끌림에서 확신으로

이원령은 스스로 타고난 과학자는 아니라고 했다. 어린 시절부터 수학과 과학을 좋아했지만 과학자를 꿈꾼 것도 아니었다. 그때는 오히려 돈 많이 버는 학원 선생님이 되고 싶었단다. 그는 선택의 순간 직관적으로 인생의 방향을 정하는 편이었다. 일본행을 결정하고 물리공학과를 선택할 때도 그랬고 전기전자공학으로 넘어갈 때도, 그리고 창업과 연구 사이에서 고민했던 순간에도 결국은 끌리는 쪽을 택했다. 그만큼 선택이 자신의 것이었기에 후회가 적었다.

"만약 남이 시켜서 갔으면 평생 그 사람을 원망했을지도 몰라요."

부모님 역시 스스로 직접 알아보고 정하라며 그런 성향을 존중해주었다. 물론 정보가 부족해 시행착오도 겪었지만 그 과정에서 적극적으로 주변 사람들에게 조언을 구하며 자신의 길을 모색하는 방법을 터득했다. 대학생 때부터 선배들에게 어떻게 그 연구를 하게 됐는지 자주 묻고 그것이 자신에게 맞는 길인지 자문하기를 반복했다. 그렇게 주변을 탐색하며 끊임없이 방향을 조정했다.

연구자의 길로 들어선 것도 뜻밖의 계기에서 비롯했다. 박사 과정 중에도 그는 졸업 후 취업을 염두에 두고 있었다. 창업한 선배의 실험을 도울 땐 함께 무언가를 만들어보자는 제안도 받았다. 새벽까지 실험을 반복하며 '한 번만 더 해보자'는 말을 포기하지 않던 이원령의 끈기가 선배의 신뢰를 얻은 것이다. 병역특례로 대체 복무를 하던 시기였다.

하지만 어느 순간 연구가 예기치 않게 다른 길을 열었다. 좋은 논문이 연이어 나오기 시작했고, 과학계에 남아보라는 주변의 권유도 계속됐다. 연구자가 되려던 건 아니었지만, 막상 해보니 잘 맞았다. 문제를 붙들고 실험을 거듭하다가 해답을 찾아내는 과정, 그것이 주는 성취감이 점점 커졌다. 이제는 후배들과 함께 성과를 만들어가는 데서 더 큰 보람을 느낀다. 여전히 끌리는 대로 살아가지만, 그 방향이 자연스럽게 연구로 이어지고 있다는 사실은 어느덧 확신이 되었다.

그렇다면 그의 연구실에는 어떤 사람들이 모일까? 그와 비슷한 이력을 거친 사람이 흔할 리 없고, 워낙 독특한 연구를 하는 곳인지라 지원자들의 배경이 궁금했다. 그는 기계공학, 전기전자공학, 재료공학, 바이오공학까지 다양한 전공의 학생들이 찾는다고 했다. 그러면서 현재 연구실의 성격상 기계, 전기전자, 재료 전공자가 좀 더 적응하기 쉬운 편이라고 덧붙였다. 바이오 전공자도 필요하지만 그 전공은 연구의 마지막 단계에서 주로 쓰이기 때문이다. 이 연구실에서 주력하는 건 플랫폼 개발, 즉 센서를 만들고 회로를 설계하는 일이라 그 과정에 필요한 핵심 기술이 기계나 전자 분야에 더 가깝다는 설명이었다.

연구 분야가 한정적이다 보니 학생들이 미래를 고민할 법도 한데 그는 확신에 차 있었다. 좁은 분야처럼 보여도 연구를 통해 얻는 논리적 사고력과 기술은 어디서든 활용될 수 있다고 강조했다. 예를 들어, 이곳에서 생체 센서를 연구하는 학생들은 반도체 기술과 회로 설계를 다루기 때문에 전자업계에서도 충분히 인정받을 수 있다는 것이다. "연구실의 첫 박사 졸업생이 포닥 과정 중인데, 취업 걱정은 안 해요. 분명 좋은 곳에서 필요로 할 거예요."

그에게 연구실은 단순히 실험과 논문을 위한 공간이 아니다. 그는 연구실을 함께 꾸려가는 후배 연구자들에게 연구의 과정 자체가 즐겁고 의미 있는 경험이 되기를 바랐다. 자신이 선택의 순간마다 끌리는 대로 길을 찾아왔듯, 연구실에 있는 이들도 자신만의 방향을 찾기를 바란다. 연구실에서 함께 연구하고 문제를 해결하며 쌓아가는 경험이 연구 성과보다 더 값지다는 것을 그는 누구보다 잘 알고 있었다.

이원령이 과학자로서 바라는 것도 결국 이와 다르지 않았다. 과학자를 꿈꾸지 않았기에 그는 과학자로서 얻을 수 있는 거창한 업적이나 화려한 명성엔 욕심이 없다. 다만 연구를 통해 보람을 느끼는 그 과정이 자연스럽게 주변 사람들에게도 전해지길 원한다. 그저 동료들과 가족에게 멋있는 사람 정도로 보이면 좋을 것 같다고.

> "어떤 특정한 모습보다는 제 스스로 자긍심을 가지고 연구를 이어가는 사람이 되고 싶어요. 하는 일에서 보람을 느끼고 그 과정을 즐기는 모습을 보인다면 제 아이도 자연스럽게 그걸 멋있다고 생각하지 않을까요? '멋있는 과학자 아빠'면 충분할 것 같아요. 자기 일에 진심을 다하는 사람으로 기억되고 싶습니다."

인터뷰를 마치고 연구실을 나와 몇 시간 전에 걸었던 길을 되짚어갔다. '과학자를 만나러 가는 길이 이렇게 설레는 일일 줄이야' 하던 마음이 다시 떠오르며 여전히 설렘이 남아 있음을 느꼈다. 하지만 설렘의 이유는 달라져 있었다. 처음엔 인터넷에서 본 화제의 인물이기 때문이었다면, 이제는 한 사람이 걸어온 길과 그가 만들어갈 선명한 미래 때문이리라.

이원령은 자신이 끌리는 대로 살아왔다고 했지만 그 끌

림은 우연이 아니라 선택이었다. 수학과 과학을 좋아했지만 학원이 아닌 연구실을 택했고, 전공을 바꾸면서도 자신만의 방식으로 배움을 이어갔다. 창업과 연구 사이에서 고민하다가 결국 실험대 앞에 다시 섰고, 실험 하나를 끝내면 또 다른 실험을 시작하며 끊임없이 새로운 가능성을 만들어갔다. 그렇게 그는 현재에 충실한 삶을 통해 단순한 '끌림'을 '확신'으로 바꿔왔다.

그가 연구하는 생체 삽입형 센서가 실용화된다면 어떤 세상이 펼쳐질까? 〈토탈 리콜〉 같은 영화에서나 보던, 스마트폰을 손에 쥘 필요 없이 손가락을 귀에 가져다 대는 것만으로 통화하는 장면이 현실이 될지도 모른다. 더 나아가 우리의 몸이 데이터를 스스로 측정하고 분석하는 시대가 올 수도 있다. 질병을 사전에 감지하고 실시간으로 개인 맞춤형 치료를 제공하여 인간과 기계의 경계가 더욱 희미해지는 세상. 의료뿐만 아니라 스포츠, 헬스 케어, 심지어 인간의 감각을 확장하는 기술까지, 삽입형 전자기기의 발전은 삶의 모든 영역을 바꿀 가능성을 품고 있다. 공상과학 영화 속 장면들이 우리 예상보다 훨씬 더 가까운 미래에 현실이 되지 않을까.

나는 이원령을 '잘생긴 연구원'이 아닌 한 명의 과학자로 기억하게 될 것이다. 새로운 가능성을 향해 끊임없이 도전하는 사람, 기술이 인간의 삶을 바꿀 수 있다는 믿음으로 연구를 이어가는 과학자. 그는 분명 자신만의 속도와 방향으로 과학자의 길을 걸어가고 있었다.

허태임, 식물을 연구하는 마음

자연사와 식물학은 지혜와 미덕을 배우기 위한 학문이다.

- 장 자크 루소(Jean-Jacques Rousseau)

허태임은 나무와 숲의 이야기를 들려주는 식물분류학자다. 대학에서 목재해부학을 공부하며 나무의 속살을 들여다보는 법을 배웠고, 대학원에서는 식물분류학으로 그 지식을 확장했다. '한반도 팽나무속(屬)의 계통분류학적 연구'라는 제목의 박사 학위 논문은 식물학계에 그의 이름을 각인시킨 작품이다. 현재 허태임은 국립백두대간수목원 산림생태복원실에서 우리 땅에서 사라져가는 식물을 지키기 위한 연구를 수행하며 초목의 가치를 알리고 있다.

허태임의 일상은 초록빛으로 물들어 있다. 1년의 절반 이상을 전국 곳곳의 숲에서 보낸다. 거친 숲길을 누비며 식물의 흔적을 찾고, 그 기록을 남기는 허태임은 스스로를 '초록(草錄) 노동자'라 부르길 주저하지 않는다. 그의 손끝에서 탄생하는 기록은 단순한 데이터가 아니라 우리 생태계를 지키기 위한 소중한 초석이 되고, 결국 우리 모두를 위한 소중한 이야기가 된다. 허태임의 발길이 닿는 곳마다 풀과 나무의 역사가 새겨지고 있다.

과학하는 허태임은 글 쓰는 일에도 애정이 깊다. 저서 『식물분류학자 허태임의 나의 초록목록』과 『숲을 읽는 사람』을 통해 식물과 자신의 이야기를 대중과 나누고 있으며, 이 밖에도 직접 발로 뛰며 경험한 숲의 이야기를 다양한 글로 담아낸다. 문학을 사랑하는 허태임의 글은 과학을 말하면서도 한 편의 시와 같아서 읽는 이에게 깊은 울림을 준다.

차는 고요한 산길을 따라 굽이돌며 위로 올라갔다. 도로 양쪽으로 오래된 소나무들이 잎을 세운 채 길을 감싸고 있었다. 산 아래로는 강줄기가 흐르고, 멀리 능선들이 수묵화처럼 펼쳐졌다. 적막한 산속이었다. 모든 것이 멈춘 듯한 풍경 속에서 나는 묵묵히 운전에만 집중했다.

도로가 꺾이는 지점에서 낡은 표지판이 눈에 들어왔다. 희미한 글자와 화살표는 산 중턱 어디쯤에 있을 이름 모를 절을 가리키고 있었다. 빗물 자국이 선명한 표지판에서 오랜 세월의 자취가 느껴졌다. 어둑한 하늘에 절이 더해지니 문득 '가을밤처럼 차게 울었다'라는 시구가 떠올랐다. 무슨 시였더라. 그래, 백석의 「여승」이었다.

> 여승은 합장하고 절을 했다
> 가지취의 내음새가 났다
> 쓸쓸한 낯이 옛날같이 늙었다
> 나는 불경처럼 서러워졌다
>
> 평안도의 어느 산 깊은 금덤판
> 나는 파리한 여인에게서 옥수수를 샀다
> 여인은 나 어린 딸아이를 때리며 가을밤같이 차게 울었다
> (…)

학창 시절 교과서에서 읽었을 시가 아직도 떠오르는 걸 보

면 어린 시절의 힘이 대단하긴 하다. 어쨌든 그때 텍스트로만 짐작했던 풍경을 현실에서 마주한 기분이 참 묘했다. 새삼 가지취는 어떤 냄새였을지, 여인이 팔던 옥수수는 어떤 빛깔과 모양이었을지 궁금해졌다.

식물학자 허태임을 만나기 위해 경상북도 봉화군의 백두대간수목원으로 향하는 길이었다. 초겨울의 비는 금세 도로를 적셨고, 굽이진 길마다 어둠이 내려앉았다. 도로 옆 강물은 흙탕물로 부서지듯 거칠게 흘렀다. 봉화는 산속의 작은 시골 마을이었다. 태백산과 소백산이 이어지는 곳이라, 마을 대부분은 산지로 이루어져 있었다. 거주하는 사람이 많을 리 없었다. 국립백두대간수목원이 가까워질수록 산속 깊숙한 암자로 들어가는 기분이 들었다.

국립백두대간수목원

도착한 수목원의 풍경은 가는 길과 전혀 다른 느낌이었다. 백두대간의 웅장한 산세를 배경으로 펼쳐진 광장과 간결하면서도 견고해 보이는 건물에 눈을 의심했다. 깊고 조용한 산속에 이런 규모와 세련된 모습의 공간이 있을 줄이야. 스산한 산길을 지나온 내게 이 수목원은 마치 비밀 정원처럼 보였다.

건물 2층 카페에서 허태임을 만났다. 작은 체구에 눈빛이 맑고 투명한 사람이 조심스럽게 다가왔다. 바람결에 스치는 들꽃 같은 은은한 기운이 느껴졌다. 오는 길이 만만치 않았다며 엄살 부리는 나를, 그는 카페 안에서 가장 풍경이 좋은 자리로 안내했다. 장엄한 백두대간이 한눈에 들어왔다. 신기하게도 이곳엔 아직 단풍이 남아 있었다.

"지금 계절은 겨울 초입이잖아요. 이 시기는 활엽수들이 잎을 모두 떨구어서 일반 사람들이 보기에는 조금 삭막한 풍경처럼 느껴질 수 있어요. 하지만 제 눈에는 식물들이 겨울을 나기 위해 얼마나 전략적으로 준비를 해왔는지가 보여요. 이 계절에 저는 두 가지를 주로 관찰합니다. 첫 번째는 겨울눈이에요. 겨울눈은 어디서든 관찰할 수 있어요. 겨울눈을 다 만들고 나서야 잎을 떨어뜨리니 마치 동면에 들어가기 전 준비 과정 같아요. 두 번째는 지금 이 계절에 꽃을 피우거나 열매를 맺는 식물들을 찾아다니는 거예요. 이 식물들은 주로 난대성 수종이라 따뜻한 지방으로 가야 하죠. 부산이나 제주도에 있는 식물의 개화기나 결실기를 관찰하러 가요. 왜냐하면 그 시기를 놓치면 1년을 기다려야 하거든요. 식물 입장에서 환경이 적합하지 않으면 생존을 위해 굳이 다시 꽃을 피우지 않을 수도 있으니까 가능한 한 때에 맞춰 꼭 보려고 해요."

이런 계절, 식물학자는 연구소에서 논문을 쓰고 있을 것이라는 나의 예측이 빗나갔다. 허태임은 겨울이라고 실내에만 있지 않았다. 내 눈에 산이 푸르지 않다고 초목이 사라졌을 리 없다. 식물에게 겨울은 삭막한 계절이 아니었다. 오히려 잎을 떨군 뒤 치밀한 전략으로 생존 본능을 드러내는 분주한 시간이었다.

그는 그 과정에 깊은 경외심을 느끼는 것처럼 보였다. 겨울눈의 생생한 흔적과 추운 계절에 꽃을 피우고 열매를 맺는 식물들을 찾아 산과 들을 누비기 위해 철저히 시간을 쪼개어 현장으로 향한다고 했다. 최근 제주도에서나 볼 수 있던 먼나무를 부산에서 가로수로 만났다고, 이 겨울에도 해운대가 반짝이고 있다는 사실을 전하며 그는 설레는 표정을 지었다.

그에게 묻고 싶은 것이 많았다. 언제부터, 어떻게 식물학자의 길로 들어섰는지, 어떤 유년기를 보냈는지 알고 싶었다. 또, 식물을 관찰하고 기록하며 분석할 때 그의 내면에는 어떤 풍경이 펼쳐져 있을지 궁금했다. 그러나 서두르면 모든 걸 놓칠 것 같았다. 두근거림을 천천히 가라앉히며 렌즈의 초점을 멀리 맞추듯 이따금 먼 산으로 시선을 던졌다. 주문한 커피가 나온 후에야 국립백두대간수목원에서 그가 하고 있는 일에 대해 물으며 인터뷰를 시작했다.

"백두대간수목원은 우리나라 고유의 식물을 보전하고 복원하는 것을 주요 목표로 하는 기관이에요. 식물 보전 및 복원 연구와 미래 세대를 위한 종자 저장을 하고 있죠. 노르웨이에 있는 스발바르국제종자저장고에 이어 세계 두 번째로 설립한 씨앗저장고(Seed Vault)가 있는 곳이기도 해요. 저는 작년부터 산림생태복

원실에서 근무하고 했고요. 그전에는 보전과 관련한 연구 부서에서 일을 했어요. 보전과 복원이 모두 현장 조사, 종 다양성 분석, 환경 데이터 수집 등을 바탕으로 실행되니 크게 다른 일은 아니지만, 복원은 훼손된 생태계를 적극적으로 복구하는 것이라 오랜 시간 대상 지역의 과거 생태적 특성을 조사하면서 숲 기능을 전체적으로 회복하는 데 주력해요."

'복원'이라는 단어가 낯설었다. 내게는 '자연보호'가 익숙했다. 분명 2000년대 초반까지만 해도 교과서 등에 자주 등장한 용어는 자연보호였을 것이다. 시간이 흐르면서 생태계가 이미 상당 부분 훼손된 상태라는 현실이 인식됨에 따라 단순한 보호(Protect)에서 벗어나 보전(Preserve)*과 복원(Restore)의 개념이 점차 부각되었겠지. 과연 허태임은 생태계 복원을 강조하는 건 최근 일이라고 했다. 국제연합(UN)이 전 세계적으로 훼손된 생태계를 복원하기 위해 2021년 '유엔 생태계 복원 10년(UN Decade on Ecosystem Restoration)'을 선언하면서 생태계 복원을 위한 구체적인 수치가 포함된 실행 계획이 만들어졌고, 이를 통해 각 나라가 생태 복원에 대해 일정한 의무를 가지게 되었다고 설명했다.

이러한 흐름에 따라 우리나라도 생태계 복원 전담 부서를 설립하고 관련 정책을 확대했다. 2022년 경북 울진 대형

---

* 허태임은 『식물분류학자 허태임의 나의 초록목록』에서 '보전'과 '보존'은 구분해서 본다고 언급했다. 있는 그대로를 존치한다면 '보존', 건강한 자연을 대대손손 전한다면 '보전'이라고 했으며, 인터뷰 중 '보전'을 사용했기에 그대로 적었다.

산불은 전환점이 됐다. 나를 포함한 많은 이들이 원전 안전 문제에 주목할 때, 허태임은 파괴된 숲과 멸종위기종 서식지를 떠올렸다. 그의 기억은 산불로 파괴된 광활한 숲과 그곳에서 서식하던 희귀식물, 멸종위기종에 대한 안타까움으로 가득 차 있었다.* 이 사건을 계기로 생태 복원이 정책적 우선순위가 되었고, 허태임의 연구가 중심에 섰다.

허태임은 복원실의 업무를 세 가지로 설명했다. 보호지역 지정, 희귀식물 연구, 기후변화 관찰이 그것. 복원의 중심에는 늘 식물이 있다. 보호지역 지정을 위해 그는 특정 산에 서식하는 모든 식물종을 조사하고, 외래종과 멸종위기종을 구분해 분포를 체계적으로 기록한다. 이는 생태계를 지키기 위한 첫걸음이다. 또한 그는 희귀식물이 자라는 지역을 찾아가 환경 조건을 세밀하게 분석하고, 이를 바탕으로 보전과 복원 전략을 세운다. 이는 자연의 숨겨진 이야기를 해독해 지속 가능한 미래를 설계하는 작업이다.

마지막으로 해발 1300m 이상의 아고산대를 탐사하며 기후변화의 영향을 관찰한다. 이 지역의 침엽수종은 생태계 변화에 민감한 지표로, 침엽수종의 변화를 기록하는 일은 미래 대비에 필수적이다. 이렇게 허태임의 연구는 오늘의 자연 속에서 내일의 생태계를 읽어내려는 노력으로 이어지고 있다.

---

* 2025년 3월 또다시 산불이 발생했다. 우리나라 역사상 최대 규모의 산불 재난으로, 청도에서 시작된 큰 불이 전국으로 확산되어 10만ha 이상의 임야를 전소시켰으며 전국적으로 30건 이상의 산불이 동시다발적으로 발생해 국가재난위기경보가 '경계·심각' 단계로 격상되었다.

식물분류학이라는 과학

허태임은 자신이 하는 일을 초록(草錄)과 목록(木錄)이라 부른다. 풀과 나무를 기록하는 일. 그의 연구는 언제나 이 소박한 작업에서 시작된다. 존재를 기록한다는 것은, 무엇보다 그 존재의 이름을 알아보는 일이다. 마치 새 학기가 시작되는 날, 낯선 교실에서 한 사람 한 사람 눈으로 따라가며 이름을 익히던 기억처럼. 허태임은 식물 하나하나를 바라보고, 식별하고, 이름을 불러준다. 그에게 식물분류학이 어떤 학문인지 물었다.

"단어만 보면 '분류'가 무언가를 나누는 거라고 생각하기 쉽지만 사실 이걸 '나눈다'고 표현하는 건 적절하지 않아요. 분류는 나누는 게 아니라, '식별(identification)'하는 것입니다. 즉, 개체 하나하나를 식별한 뒤, 같은 혈통이나 공통점을 기준으로 묶어주는 작업이에요. 우리가 학교에서 배운 종(種), 속(屬), 과(科), 목(目), 강(綱), 문(門), 계(界)의 체계처럼요. 그러니까 식물분류학은 한 식물이 지구상의 생명체 중 어디에 속하는지를 알려주는 작업이라고 할 수 있어요. 이 작업이 중요한 이유는 한 종의 이름을 정확히 알면 자연스럽게 그와 가까운 종(근연종)에 대한 이해도 깊어지는 데 있습니다. 예를 들어, 우리 호모사피엔스에 대해 더 많은 단서를 얻기 위해 침팬지를 연구하듯 식물의 경우에도 한 종과 그 주변의 가까운 식물들을 연구하는 것은 매우 의미 있는 일이거든요. 이러한 연구가 가능하려면 식물분류학이라는 기초가 제대로 자리 잡혀 있어야 하죠. 이 기초가 없다면 우리가 사용하는 약용 식물이나 먹는 식물에 대한 기본적인 이해조차 무너질 수 있다는 점에서 식물분류학은 아주 중요하다고 생각해요."

식물분류학이 인류에게 어떤 의미를 지니는지 묻자 그는 이야기 하나를 예로 들었다. 신종플루 치료제 타미플루. 그 약은 중국붓순나무에서 얻은 시킴산으로 만들어진다. 그런데 그 나무와 닮은 불쑥나무는 독을 품고 있다. 이름 하나를 잘못 부르면, 생명을 앗아갈 수도 있다. 식물의 경계가 흐려지면 약은 독이 되고, 치료는 재앙이 된다.

허태임은 한국에서 일어난 가짜 백수오 사태도 조심스레 언급했다. 품종을 오인해 유통된 가짜 약재가 농가와 기업을 무너뜨렸던 사건. 식물 하나를 구분하지 못해 생긴 현실의 파문은 결코 작은 것이 아니었다. 그는 말했다. 식물분류학은 학문을 넘어, 사회적 신뢰를 지키는 최후의 장벽이라고.

나는 한때 식물분류학을 낭만이라 생각했다. 꽃의 이름을 불러주는 학문이라고 하니까. 칼 폰 린네(Carl von Linne)가 1753년에 식물의 학명을 체계적으로 정리하며 "모든 생물은 이름을 가져야 한다"고 선언했던 모습은 마치 세상에 태어난 생명을 축복하는 의식 같았다. 새벽의 숲에서 이름 모를 들꽃을 발견하고 그 꽃에 이름을 붙이는 식물분류학자의 모습에는, 과학보다 예술에 가까운 아름다움이 있었다. 오래전 루소도 그랬듯, 여전히 많은 이들이 식물학을 상냥한 과학이나 여유 있는 취미 정도로 취급할 것이다.

그러나 허태임의 말을 듣고 알게 되었다. 이 일은 낭만이 아니라 무거운 책임의 다른 이름이라는 것을. 그는 식물의 이름은 고정되지 않는다고 설명했다. 관찰과 탐구를 통해 분류는 언제든 달라질 수 있기 때문이다. 변화하는 자연을 따라 이름도 변하고 형태도 변하기 마련이다. 나는 문득 생각했다. 그는 얼마나 많은 시간을 들여, 세상의 풀과 나무를 바라보고 있을까.

그의 책 『식물분류학자 허태임의 나의 초록목록』 서문에 적힌 문장이 떠올랐다. "가장 자연적인 것이 가장 과학적인 것임을 아는 당신께." 그 문장이 품은 뜻을 이제야 알 것 같았다. 식물분류학은 세상을 보는 가장 오래된 방법, 가장 조용하지만 가장 근원적인 과학이었다. 보는 법을 배우고 이해하는 법을 배우고, 그리고 마침내 세상을 조금씩 알아가는 일.

생태적 감수성

허태임의 책을 읽으면서 조심스레 그런 생각을 했다. 어쩌면 나와 그는 비슷한 부류의 사람일지도 모른다고. 그의 문장에는 세상을 향한 가만한 애정과 관심, 그 애정을 표현하려는 감성이 스며 있었다. 내가 오래전부터 닿고 싶었던 지점, 그

런 곳과 닮은 듯했다. 그래서였을까. 그의 MBTI가 나와 같다는 말을 듣자 반가움에 웃음을 숨길 수 없었다.

그런데 과학자 허태임에게는 내가 좀처럼 따라갈 수 없는 결이 있었다. 그가 식물을 '그 친구'나 '그 아이'라고 부르며 설렘 가득한 말투로 이야기하는 모습은 나에게 너무도 낯설었다. 식물은 그에게 연구 대상이 아니라 오래 알고 지낸 친구 같았고, 어쩌면 사랑하는 연인 같기도 했다. "사람보다, 남자보다 식물이 좋아요." 그의 말은 농담이 아니었다. 진심이었다.

그 말을 들었을 때, 문득 오래전에 읽은 시 한 편이 떠올랐다. 나태주의 「한밤중에」. 아주 조용한 순간, 이유도 없이 잠이 깨고 방 안의 화분을 바라보다가 말라버린 화분이 목말라 자신을 깨웠다는 걸 알아차리는 시.

한밤중에
까닭 없이
잠이 깨었다

우연히 방 안의
화분에 눈길이 갔다

바짝 말라 있는 화분

어, 너였구나

네가 목이 말라

나를 깨웠구나

허태임이 식물을 대하는 마음은 딱 그런 것이었다. 누구보다 먼저 아무 말 없는 생명을 알아차리는 일. 설명할 수 없는 방식으로 마음이 닿는 일.

나는 이런 감정을 잘 모른다. 그저 궁금했다. 어떻게 하면 식물에게 그렇게 마음을 줄 수 있을까. 왜 나는 식물을 좋아해본 적이 없을까. 내게 식물은 여전히 배경이었다. 일상의 장식이거나 어디선가 살아가는 무엇이거나. 특별한 이름이나 기억도 없이 그렇게 스쳐 갔다.

허태임의 삶에는 식물이 조용히 들어와 특별해진 어떤 순간이 있었던 걸까. 그가 바라보는 초록빛 세계는 내가 알고 있는 세계와는 조금 다른 풍경인 것 같았다.

"비슷한 질문을 고등학교 진로 특강에서 받은 적이 있습니다. 그때 저는 '생태적 감수성'이라고 답했어요. 생태적 감수성을 한마디로 정의 내리기는 어렵겠지만 생태계와 환경에 대한 민감한 이해와 공감 정도로 이해하면 되지 않을까요? 제가 부모님께 가장 감사한 점 두 가지가 있어요. 하나는 자연이 전부인 시골에서 자라게 해주신 것, 다른 하나는 할머니와 함께 살게 해주신 거예요. 이 두 가지를 통해 많은 걸 배웠는데 특히 저에게 생태적 감수성을 일깨워주신 분은 할머니였던 것 같아요. 자연만으로 생활을 꾸려가고 아이를 키우기에는 충분치 않았을 텐데, 할머니는 자연과 조화롭게 사는 법을 몸소 보여주셨고, 저는 어릴 때부터 그 모습을 보며 배웠어요. 그리고 할머니를 통해 단지 그 시대만이 아니라 더 먼 과거와도 이어진 지혜를 배울 수 있었어요. 할머니가 할머니의 할머니에게 배웠던 것들이 저에게 전해졌으니까요. 그것이 저에게 엄청난 넓음으로 다가왔던 것 같아요. 이런 경험이 자연스럽게 생태적 감수성과 연결된다고 생각해요. '이 동물은 왜 털이 많을까?'라든지 '왜 이 식물과 저 식물은 다를까?' 같은 질문을 어릴 때부터 많이 했어요. 그런 질문 속에서 생물학적인 종과 종의 관계를 생각하게 됐고, 생명을 존중하는 마음이 자연스럽게 생겼던 것 같아요. 할머니의 영향인지 정확히 모르겠지만, 저는 그렇게 유년 시절을 보냈어요. 식물분류학을 연구하면서 알게 된 정보들은 이런 감수성을 더 깊게 만들어줬죠. 현미경으로 식물을 관찰할 때면 '왜 이렇게 생겼을까?'라는 질문을 해요. 모든 형태에는 이유가 있거든요. 식물은 극한 환경을 극복하고 살아남기 위해 다양한 전략을 택했어요. 겉으로 보기에는 말도 하지 않고 움직이지도 않는 듯 보이지만, 사실은 온몸으로 말하고 있는 거예요. 씨앗이 퍼지면서 천천히 이동하고 있다는 것도 알게 됐죠. 어릴 때부터 식물을 관찰하며 '왜 너는 이렇지?'라는 질문을 던졌던 경험이 지금의 저를 만든 것 같아요."

자연 속에서 자란다고 모두 식물학자가 되는 것은 아니

다. 내가 아는 후배는 봉화에서 멀지 않은 영주라는 작은 도시에서 자랐지만 원자핵공학자의 길을 택했다.

허태임의 이야기를 듣다 보면 생태적 감수성이 자연을 가까이 둔 경험에서만 비롯된 것은 아님을 알 수 있다. 싸리나무 울타리로 둘러싸인 집, 싸리로 엮은 대문, 그리고 그 울타리와 대문에 얽힌 긴 이야기를 들려주던 할머니. 어린 허태임은 할머니의 손끝을 따라가며 식물이 삶과 맞닿아 있다는 사실을 배웠다. 미나리를 김밥 재료로 쓰기도 하고 배앓이를 고치는 약재로 다루기도 하며, 할머니는 식물이라는 존재가 단지 배경이나 자원이 아니라는 것을 몸소 보여주었다.

허태임은 식물의 이름을 외우는 것에서 멈추지 않고 그 식물이 지닌 이야기를 들으면서 자랐다. 그리고 어른이 된 그는 자연을 기록하는 데서 한 걸음 더 나아가 인간이 그 안에서 어떤 자리를 가져야 하는지를 묻기 시작했다. 그렇게 허태임은 과학자가 되었고, 동시에 초록의 목록을 써 내려가는 작가가 되었다.

문득 궁금해졌다. 모두가 식물학자가 될 수 없는 세상에서 생태적 감수성은 우리에게 어떤 의미를 지닐까. 그것이 있는 삶과 없는 삶은 어떻게 다른 걸까.

어린 시절로부터 벌써 새나 개구리나 풀이나 꽃에서, 인형에서, 갖은 장난감에서, 비와 눈, 어머니와 동생들, 또 동물들에게서 아름다움과 사랑을 찾을 수 있도록 아동들을 교양할 때에라야만 그들은 자라서 의로운 일에 제 목숨을 희생할 수 있으며, 사람을 열렬히, 충실하게 사랑할 수 있으며, 사업에 강의한 정열을 기울일 수 있으며, 인류 사회의 커다란 아름다움을 감수할 수 있으며, 이 세상에서 볼 수 있는 모든 사악한 것들과 용감하게 싸울 수 있는 사람들로 될 수 있다는 것을 거듭 말하여야 할 것이다. (…) 시는 깊어야 하며, 특이하여야 하며, 뜨거워야 하며 진실하여야 한다.
— 백석, 「나의 항의, 나의 제의」(1956)

오래전 백석은 사람이 어떤 삶을 살아가게 될지는 어린 시절에 감수성을 어떻게 키우느냐에 달려 있다고 믿었다. 그가 말한 감수성은 지식을 쌓거나 도덕을 배우는 일이 아니었다. 자연을 사랑하고, 사람을 사랑하고, 아름다움을 느끼는 마음이었다. 마음이 풍요로워야 결국 세상과 더 깊이 관계 맺을 수 있다는 생각, 그리고 그런 마음이 모여 더 나은 사회를 만든다는 믿음이었다.

허태임의 생태적 감수성도 비슷한 느낌이었다. 그에게 자연 속 식물은 관찰이나 분류의 대상만이 아니었다. 오래된 친구나 삶의 일부처럼, 마음을 나누는 존재였다. 어린 시절 할머니 곁에서 배운 자연과 삶의 연결은 식물 하나에도 이야기가 깃들어 있다는 사실을 알게 했다. 허태임은 그 모든 작은 태도가 결국 세상을 다정하게 만드는 힘이 된다는 걸 알고 있지 않을까.

하지만 허태임의 '할머니'를 갖지 못한 사람들은 어떻게 생태적 감수성을 키울 수 있을까. 이 질문에 그는 유년기의 경험은 분명 중요하지만 감수성은 특정한 환경에서만 자라는 것이 아니라고 답했다. 자연을 향한 관심과 애정, 그 마음이 더 중요하다는 것이다.

호프 자런이 『랩 걸』에서 말했듯 누구에게나 기억에 남는 식물 하나쯤은 있는 법이다. 그 말을 듣고 나니 할머니의 손길을 대신해 어쩌면 허태임의 글과 목소리가 그 역할을 할 수 있을지도 모른다는 생각이 들었다. 그는 백두대간수목원에서 사람들에게 식물들의 이름과 쓰임새만을 가르치는 게 아니라 자연과 인간이 어떻게 공존해야 하는지를, 어떻게 서로를 기억해야 하는지를 이야기하고 있을 테니까. 어쩌면 이미 허태임은 자연을 잊고 살아가는 사람들에게 또 다른 '할머니'가 아닐지.

우리의 머릿속에 건초를 조금 넣어보도록 하자[*]

언제부터였을까, 허태임이 손을 움직일 때면 긴 소매 끝에서 살짝 드러나는 타투가 눈에 들어왔다. 가늘고 섬세한 타원형 선이 보였다가 이내 사라졌다. 손짓이 커질 때마다 그 모양이 조금씩 더 드러났지만, 무슨 모양인지는 짐작하기 어려웠

---

[*] 마크 장송, 「서문」, 장 자크 루소, 『루소의 식물학 강의』, 황은주 옮김, 에디투스, 2024.

다. 몸통과 꼬리 같은 형태로 보아 물고기 같기도 했다. 분명 단순한 장식이 아니라 어떤 의미가 있을 것 같았다. 물어보고 싶었지만 대화의 흐름을 끊고 싶지 않아 입을 떼지 못했다.

결국 인터뷰 도중, 조심스럽게 손목에 있는 타투의 의미를 물었다. 허태임은 미소를 지으며 소매를 살짝 걷어 올렸다. 그가 석사 논문을 쓰던 당시 직접 그린 그림이라고 했다. 논문을 쓰며 팽나무의 잎과 줄기, 열매를 선화로 표현한 그림을 그렸는데 타투를 하는 친구가 그 그림을 손목에 새겨주었다고.

팽나무는 그의 삶에서 그저 연구 대상일 뿐인 존재가 아니었다. 유년 시절부터 곁을 지키며 호기심을 자극한 나무이자, 석사와 박사 과정을 거쳐 지금의 허태임을 만들어준, 과학도로서의 출발점이기도 했다. 팽나무 이야기를 할 때 그의 목소리에는 자부심이 묻어났다. 연구 과정에서 가장 기억에 남는 순간을 떠올리면서도 팽나무를 꼽았다.

> "석사 때부터 이어졌던 팽나무 계통분류 연구가 가장 기억에 남아요. 정말 막막했거든요. 석사 때는 퍼즐 한 조각만 쥔 상태였고, 박사 때도 풀리지 않은 부분이 있었어요. 그때 두 가지 가설을 세웠죠. 하나는 과거 분류학자가 잘못 관찰했을 가능성, 또 하나는 개발이나 환경 변화로 나무가 사라졌을 가능성이었어요. 결국 어느 골짜기에서 마침내 제가 찾던 증거를 찾아냈는데, 그때의 쾌감은 정말 이루 말할 수 없었어요. 어릴 때부터 곁에 있던

팽나무의 보은 같은 느낌이었죠. 그 경험은 과학자로서 제게 가장 큰 보상이었어요."

허태임에게 식물은 직업적 대상 이상이었다. 그는 식물 곁에서 하루를 시작했고, 식물에게서 하루를 살아갈 힘을 얻었다. 출근 전 새벽, 아직 어둠이 남아 있는 시간, 식물들의 숨결을 느끼며 에너지를 얻는다고 했다. 그런 그의 태도는 연구자로서의 열정이나 호기심을 넘어, 하나의 인간종이 자연과 맺는 조용한 교감처럼 느껴졌다.

한때 인류는 자연을 지배하고 정복할 수 있다고 믿었다. 산업혁명 이후 과학은 그 믿음을 현실로 만드는 데 기여했다. 자연은 대상이 되었고, 인간은 관찰자이자 사용자였다. 그러나 최근 학자들은 말한다. 인간과 자연의 관계는 그렇게 단순하지 않다고. 지배하거나 이용하는 관계가 아니라, 복잡하게 얽혀 함께 변하는 존재들이라고.

나는 허태임에게 그런 학문적 논의를 아는지 묻지는 않았다. 굳이 물을 필요도 없었다. 그는 이미 자신의 삶으로 답하고 있었다. 손목에 새겨진 팽나무의 이야기로, 식물 앞에 조용히 머무는 그의 자세로 하루하루 그렇게 답하고 있었다. 과학자로서의 역할이 데이터를 쌓는 것을 넘어, 생태계와 인간의 관계를 심화시키는 과정임을 몸소 보여주고 있었다. 허태임은 과학이 인간의 필요에 의해 만들어진 것이기는 하지만 자연을 해치는 방향으로 흐르지 않기를 바란다고 말했다.

"저는 과학이 인간에게 의롭고 도움이 되는 방향으로 작동해야 한다고 생각해요. 하지만 그 과정에서 자연의 질서를 무너뜨리는 방식으로 진행되지는 않았으면 좋겠어요. 자연과학을 하는 제 입장에서, 자연과 조화를 이루는 과학이 더 중요하다고 느낍니다. 식물을 생각해보면, 식물도 인간을 구하고 살리는 데 충분히 활용될 수 있어요. 인류는 늘 식물을 활용해왔고요. 하지만 그 활용이 도를 넘어서 욕구 충족만을 위한 수단으로 변질되었을 때 문제가 생기죠. 자연은 필요한 만큼만 생산하고 소비되도록 순환 구조를 유지해왔지만, 인간의 활동은 과도한 소비로 그 균형을 깨뜨렸어요. 지금의 풍요로움을 되짚어보고 '적정 수준으로 되돌리는 인식 개선과 개인의 실천이 필요하다고 봅니다. 자연과 조화를 이루며 함께 살아갈 방법이 무엇인지, 그것이 자연과학자들뿐 아니라 모든 과학자가 함께 고민해야 할 부분이라고 생각해요."

허태임의 과학론을 들으며 나는 생각했다. 우리가 겪고 있는 기후변화나 생태계 붕괴, 그리고 이제는 인공지능 같은 신기술 개발까지, 모든 문제는 결국 인간과 자연 사이의 오래된 관계 방식에 닿아 있다. 예컨대 거대한 언어 모델을 훈련하기 위해 필요한 전력량은 상상을 초월하고, 그 전력을 충당하기 위해 또 다른 에너지를 생산해야 한다. 발전은 계속되지만 그 이면에서 자연은 점점 더 많은 대가를 치르고 있다. 과학은 인간에게 이로움을 주기 위해 시작되었지만 지금은 그 이로움조차 무언가의 희생 위에 서 있는 건 아닐까. 이제 과학은 다시 묻지 않을 수 없다. 우리가 필요하다고 믿는 것들이 정말 필요한 것인지. 그리고 그 필요가 세상 전체와 미래를 걸 만큼 중요한 것인지.

보이는 것 너머의 길

카페에서 보는 수목원 풍경은 한 폭의 그림 같았다. 산세를 따라 이어진 큰 나무들의 물결과 그 사이를 채운 키 낮은 꽃들이 부드러운 리듬을 만들고 있었다. 그러나 산을 멀리서 바라보는 것과 그 안에 들어가는 일은 전혀 다르다. 길을 잃어본 사람이라면 안다. 어둡지 않아도 긴장과 공포는 쉽게 찾아온다는 것을. 나뭇가지가 사방으로 얽혀 있고, 발밑은 미끄럽고 불안정하다. 겉에서 보는 풍경은 아름답지만 그 안은 언제나 예측할 수 없는 세계다.

허태임의 실험실도 마찬가지였다. 눈에 보이는 안전한 정원이 아니라 수많은 변수와 마주하는 살아 있는 현장이었다. 해가 떠 있는 동안 산 초입에서 정상까지 오르고 다시 하산하는 빡빡한 일정. 일몰 이후의 산은 위험과 불확실로 가득 차 있기 때문에 해가 지면 곧바로 조사를 마쳐야 했다. 비가 쏟아지고, 길을 잃고, 때로는 야생 동물과 맞닥뜨리는 일도

드물지 않았다.

인터뷰가 끝나갈 무렵, 나는 조심스럽게 물었다. 팀에서 언제나 유일한 여성이었다는 사실이 어렵지는 않았느냐고. 허태임은 잠시 웃으며 고개를 끄덕였다. 그의 대답은 경험담을 넘어 식물분류학이라는 분야가 가진 오랜 장벽을 비추는 것이었다.

> "생물학적으로 여성이 뛰어들기 어려운 분야가 있어요. 식물분류학도 그런 분야 중 하나죠. 이 학문은 현장 활동이 필수적이기 때문이에요. 온종일 산속에서 조사하고, 자연 속에서 모든 걸 해결해야 하니까요. 화장실 문제 같은 기본적인 불편함은 물론이고, 여성이 매달 일주일가량 겪는 신체적 어려움도 무시할 수 없어요. 이런 특성 때문에 식물분류학에서는 여성들이 소수로 머물러 있는 경우가 많아요. 일반적인 식물학 분야와 비교하면 현장 중심의 식물분류학에서는 여성 비율이 현저히 낮습니다. 이 분야는 전통적으로 남성이 주도해왔어요. 선배 세대의 남성 과학자들은 여성 후배가 현장에 나서는 걸 불편해하기도 했고요. 구조 자체가 그렇게 설계되어 있었던 거죠."

구조적 한계를 개인의 노력만으로 극복하기란 결코 쉬운 일이 아니다. 남성 중심으로 발전해온 과학 분야에는 여전히 여성 연구자들의 참여를 제한하는 환경적·문화적 장벽이 존재한다. 이런 장벽을 허물기 위해서는 학문 자체의 구조적 개선과 더불어 사회적 협력이 필수적일 것이다.

허태임은 변화의 필요성을 누구보다 절실히 느끼고 있었다. 그는 에코페미니즘*과 같은 움직임을 긍정적으로 바라보며 식물분류학자로서 자신의 경험을 통해 구조적 한계에 도전하고자 했다. 현장 조사와 연구에서 남성 중심의 관행을 넘어서는 과정 속에, 여성 연구자들의 참여가 학문과 환경 모두에 변화를 가져올 수 있음을 몸소 보여주고 있다. "여성이 더 많이 이 분야에 뛰어들어야 한다"라는 그의 말은 그저 숫자의 문제가 아니다. 다양한 관점과 경험이 자연과학의 진보를 이끈다는 믿음이 그 말 안에 담겨 있다.

허태임은 여전히 생태학 분야에서 더 많은 해방이 필요하다고 믿는다. 여성 연구자가 더 많이 이 분야에 참여하고 현장 환경을 개선해나가려는 노력이 필요하다고 말했다. 그는 여성 과학자의 증가가 자연과학의 발전과 지속 가능한 환경 보전을 위해 필수라고 강조했다. 사실 나는 그의 말과 같은 변화가 쉽지만은 않을 것 같다고 생각했다. 하지만 허태임은 이상을 말하는 데 그치지 않았다. 현장에서 직접 행동하고 변화를 만들어내며 가능성을 증명해 보이고 있었다. 그의 이야기를 들으며 나도 변화의 가능성을 믿어보고 싶어졌다.

인터뷰를 마치고 나니 이미 해가 산 너머로 저문 저녁

---

* 에코페미니즘은 생태학과 페미니즘의 결합으로 자연환경의 파괴와 여성 억압 간의 연관성을 탐구하고 이를 해결하려는 철학적·사회적·정치적 운동을 지칭한다. 1970년대 인도에서 대규모 벌목에 맞서 여성들이 나무를 끌어안고 숲을 지켜낸 칩코 운동(Chipko Movement)이 대표적인 사례다. 칩코 운동은 자연과 여성의 억압이 동일한 맥락에서 발생함을 보여주며, 생태계 보존과 여성의 권리 확대가 함께 이루어져야 한다는 에코페미니즘의 핵심 가치를 증명했다고 평가받는다.

이었다. 나는 허태임의 권유로 백두대간수목원에서 하룻밤을 묵고 다음 날 귀가하기로 한 터라 마음이 편했다. 그와 헤어진 후 완전한 밤이 찾아올 때까지 수목원과 주변을 걸었다.

어둠 속 내 오감은 불과 몇 시간 전 운전할 때와는 전혀 다르게 반응했다. 싸늘한 공기가 옷깃을 파고들었지만 이상하게도 적막 속에서 생명의 기운이 느껴졌다. 산책로를 따라 걷다 보니 낮에는 보이지 않았던 겨울나무의 실루엣이 눈에 들어왔다. 바람에 흔들리는 잎 대신 가지 끝마다 자리 잡기 시작한 겨울눈에 시선이 붙들렸다. 나뭇가지마다 숨은 생명의 흔적이 있었다. 마치 깊은 숨을 고르며 다음 계절을 준비하는 여행자처럼.

나뭇가지에 매달린 겨울눈을 바라보며, 나는 허태임이 전해준 메시지의 의미를 차츰 이해하기 시작했다. 겨울은 멈춘 계절이 아니었다. 나무들은 그 안에서 미래를 준비하며, 다음 계절을 위한 에너지를 한껏 끌어모으고 있었다. 지금의 고요가 다음의 폭발적인 생명을 위한 숨 고르기인 듯이. 내가 몰랐던 세상의 진리가 겨울눈 안에 있었다. 어디선가 읽은, 나무와 풀이 보여주는 모든 계절은 아름답다는 문장도 떠올랐다. 어느 날의 숲이든 으슥하거나 적막하지 않으리라. 허태임을 만나며 변한 나의 눈은 겨울에도 생동하는 자연의 이야기를 비로소 읽어내고 있었다.

문득 나도 집에 화분을 하나 둘까 하는 생각이 들었다. 그동안 풍경의 일부로 여겨 스쳐 지나가기만 했던 식물들을

허태임,

이제는 가까이 두고 지켜보고 싶다는 마음이 차올랐다. 식물과 함께하는 삶이라니, 왠지 나를 더 다정하게 바라보고 돌보게 만들 것만 같았다. 그렇게 식물과의 교감을 이어가다 보면 언젠가 나도 '식물적 낙관'*이 깃든, 좀 더 건강하고 균형 잡힌 삶을 살게 되지 않을까. 오늘의 만남이 내게 가져다준 변화는 그렇게 조용히, 그러나 깊고 선명하게 자리 잡기 시작했다.

---

* 김금희, 『식물적 낙관』, 문학동네, 2023.

정성은, 2차 전지를 연구하는 마음

지금 입증된 것은 예전에는 단지 상상으로만 여겨졌습니다.

- 알렉산드로 볼타(Alessandro Volta)

정성은은 전지를 통해 지속 가능한 에너지 미래를 설계하는 과학자다. 그는 화학생물공학으로 박사 학위를 받았으며 학부에서 재료공학을 공부할 때부터 친환경 에너지 소재에 관심을 쏟아왔다. 전기회사와 MIT를 거치며 실무와 연구 경험을 쌓은 후 현재는 수원대학교 환경에너지공학부에서 조교수로 재직 중이다.

그가 이끄는 '복합에너지시스템 연구실(IRES)'은 높은 에너지 밀도의 리튬이온전지와 리튬-공기 전지의 성능을 향상하는 데 주력하고 있다. 반복되는 충·방전 중 발생하는 다양한 부반응을 억제하고, 배터리 성능 저하를 방지하는 기술 개발이 연구의 핵심이다. IRES는 신소재 개발과 구조적 혁신을 바탕으로 리튬이온전지의 양극/음극 소재 및 리튬-공기 전지 기술을 선도적으로 연구하고 있다. 그는 배터리가 단순한 에너지 저장 장치가 아닌, 지속 가능한 세상을 위한 중요한 연결고리라고 생각한다.

정성은은 제로에너지하우스와 배터리 재활용이라는 미래 환경과 사회를 위한 이상적인 해결책에도 깊은 관심을 가지고 연구 중이다. 전기가 세상을 연결하는 미래를 그리고, 지속 가능한 사회를 설계한다. "우리가 사용하는 에너지가 환경을 해치지 않고 그 자체로 순환할 수 있는 시스템을 만드는 것이 목표"라는 그의 말에는 연구와 환경을 향한 책임감이 담겨 있다.

정성은의 시선은 실험실에 국한되지 않는다. 그는 학생들과 함께 에너지 기술의 최전선과 산업 현장을 탐방하며, 고민하는 젊은 과학자들을 양성하고 있다. 그는 학생들을 스스로 질문하고 답을 찾는 탐구자, 나아가 에너지 혁신의 주역으로 성장시키기 위해 끊임없이 배우고 가르친다. 그의 연구와 교육은 미래 세대가 환경과 에너지의 조화로운 균형을 이루는 데 하나의 나침반이 되어준다.

"맹구부목(盲龜浮木)"

고등학교 국어시간에 선생님이 칠판에 적어준 네 글자가 떠올랐다. 불교 경전에서 유래한 성어로, 넓은 바다에 사는 눈먼 거북이가 억겁에 한 번 수면 위로 떠오를 때 우연히 물에 떠다니는 구멍 뚫린 나무판자에 목이 끼는 경우를 가리키는 말이다. 종교적으로는 인간으로 태어나 불법(佛法)을 만나는 것이 그만큼 어렵고 귀하다는 의미를 담고 있지만 선생님은 이를 인연의 소중함으로 설명했다. 선생님은 덧붙였다. "거북이가 나무 조각을 만날 희박한 확률, 우리가 살아가며 누군가를 만난다는 것은 그렇게 기적 같은 일이다. 나와 너희도 마찬가지야. 귀하게 여기자."

8년 전 프랑스의 작은 도시로 출장을 갔을 때였다. 홀로 낯선 곳에 있던 어느 저녁, 우연히 같은 호텔에 머물던 한 지인과 마주쳤다. 둘 다 혼자였기에 인사를 나누고 저녁을 함께 하며 대화를 시작했는데, 이야기는 자연스레 가족으로 흘렀다. 그는 자신의 아버지가 내가 일하는 분야와 비슷한 연구를 하고 있다고 말했다. "그럼 아버님이 제 모교 선배님이실 수도 있겠네요?"라고 묻자 그는 고개를 끄덕이더니 이렇게 덧붙였다. "맞아요. 그런데 우리 누나는 아버지랑 다른 연구를 하고 있어서 티격태격이 일상이에요."

당시에는 그저 지나가듯 가볍게 나눈 대화였는데, 시간이 흐르고 과학자 인터뷰를 준비하며 신재생에너지 분야 연구자를 찾다 보니 문득 그의 누나가 떠올랐다. 연락처를 찾아 오랜만에 지인에게 연락을 했다. 누나의 근황을 묻는 질문에 학위를 받은 후 미국에서 지내다가 얼마 전 국내 대학에 교수로 왔다는 답이 돌아왔다.

그 누나가 바로 정성은이었다. 찾아보니 정성은 교수는 차세대 전지와 신재생에너지를 연구하며 지속 가능한 에너지의 미래를 설계하는 과학자로 자리 잡고 있었다. 그 사실을 알게 된 순간, 다시 '맹구부목', 네 글자가 떠올랐다. 수많은 과학자 중 누구를 만나는 게 좋을지 고민하던 날들이었다. 바다 위를 떠돌다 만난 나무 조각처럼 반가웠다.

과학자 수저

본격적으로 인터뷰를 준비하면서 가장 먼저 영화 〈인터스텔라〉가 떠올랐다. 정성은이 아버지를 과학자로 둔 딸이기 때문이었다. 이 영화에서 주인공 쿠퍼는 딸 머피에게 '과학적으로 생각해보라'고 말한다. 머피가 자신의 방에 유령이 있는 것 같다고 이야기했을 때, 그는 그 말을 허투루 흘려듣지 않았다. 대신 머피에게 그 현상을 관찰하고, 측정하고, 논리적으로 분석해보라고 조언했다. 쿠퍼는 우주의 미션을 수행하기 위해 지구를 떠나고 머피는 성장해 과학자가 되었다. 영화는 물리적 거리와 시간을 넘어 존재한 두 부녀가 '과학'이라는 공통된 언어로 연결된 모습을 그렸다.

과학자 아버지를 둔 정성은은 어떨지 궁금했다. 그는 과학자의 길을 걷는 데 아버지한테서 어떤 영향을 받았을까? 정성은은 잠시 생각하더니 영화와 같은 특별한 일화는 없었다며 난감한 표정을 지었다.

> "아버지가 제 진로에 크게 관여하시진 않았어요. 적극적으로 과학 쪽으로 저를 이끌었다기보다는…, 그냥 몇몇 장면이 떠오르네요. 어느 새벽이었는데 아버지는 밤새 서재에서 작업을 하고 계셨어요. 부엌에서 마주치자 서로 '왜 아직 안 자?'라고 물었는데, 사실 그건 대답을 기대하는 질문은 아니었어요. 그냥 상대방의 상태를 확인하는 인사 같은 거죠. 제게 아버지는 늘 밤새워 연구하는 분이에요. 아주 어렸을 때부터 지금까지도 변함없이요."

요즘 흔히 듣는 말인 '수저'론이 떠올랐다. 금수저, 은수저에서 나아가 흙수저란 말까지 생기더니, 타고난 근육질의 소유자에게는 '근수저'라는 표현도 붙는다. 그럼 '과학자 수저'도 가능하지 않을까? 밤새 연구하는 모습이 자연스럽게 익숙해지는 환경, 무언가를 깊이 탐구하고 끝을 보는 태도가 일상이 되는 분위기. 정성은은 아버지의 직업과 자신의 직업 사이에 특별한 연관이 없다고 말했지만, 새벽의 부엌 장면은 오히려 과학자 집안의 환경이 자연스레 몸에 밴 그의 성장 과정을 상징하는 듯했다.

'뭘 하든지 간에 박사는 해야지'라는 생각이 자연스럽게 스며드는 환경도 그리 흔하지는 않을 터, 새벽까지 서재에서 작업하던 아버지의 모습은 그의 삶에 보이지 않는 영향을 남기지 않았을까. 연구실과 서재라는 각자의 공간에서 이어진 몰입은 과학이라는 거창한 언어가 아니더라도 서로에게 배움의 순간이 되었을 것이다. 관찰하고, 성찰하며, 이를 지속하려는 의지가 과학자의 본질은 아닐까.

어떤 대상을 향한 집중과 몰입이라는 태도는 단순히 개인의 타고난 천성이나 노력만으로 만들어지지 않는다. 그것은 자연스럽게 받아들이는 분위기와 익숙한 환경 속에서 형성된다. 정성은의 일화로 어쩌면 과학 역시 삶의 한 방식일 수도 있겠다는 생각이 들었다. 자신만의 세계에 몰두하는 삶의 형태.

몰입의 질문들

정성은이 밤새 몰입하고 있는 연구는 무엇일까. 그에게 요즘에는 어떤 문제를 해결하려고 밤을 지새우는지 물었다. 그는 비전공자인 내가 알아듣기 쉬운 언어로 풀어서 답했다. 전에는 태양전지와 수소에너지, 이산화탄소 환원을 주제로 연구하기도 했지만 지금은 차세대 2차 전지 연구에 집중하고 있다고. 즉, 오래도록 가볍고 안전하게 쓸 수 있는 배터리를 개발하는 일인 셈이다.

다행히 2차 전지는 최근 뉴스에서 자주 언급되는 전기차

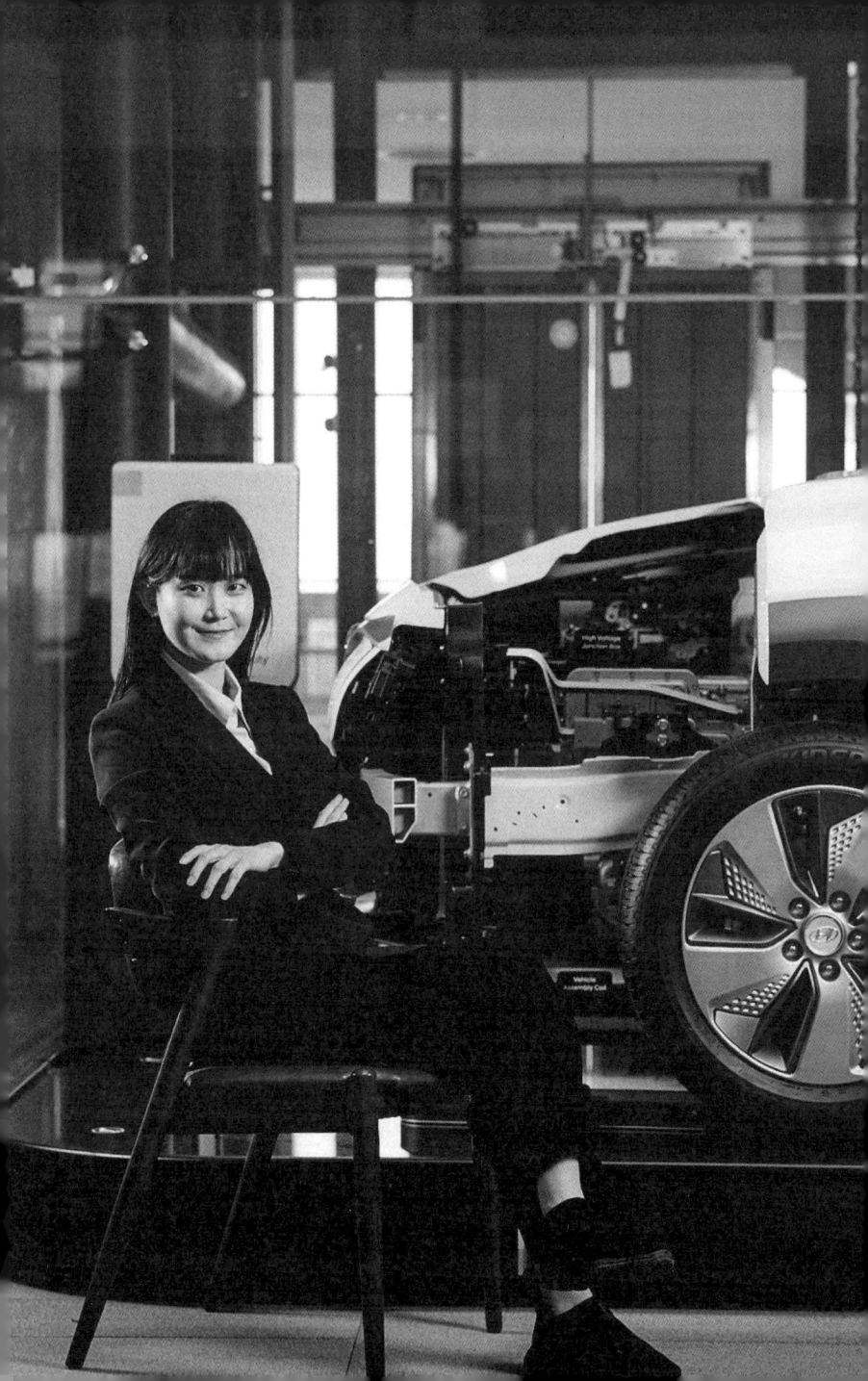

배터리 이슈로 어느 정도 친숙하다. 얼마 전부터 심심치 않게 배터리 화재 사건이 발생하여 사람들의 우려가 커지고 있다. 정확한 이유는 알 수 없지만 대다수 기사에서는 외부 충격 등으로 인해 배터리 셀이 과열되며 내부 반응이 통제 불가능해지고 결국 열폭주가 일어나 화재로 이어진다고 전했다.

정성은은 전기차 배터리에 대해 설명했다. 현재는 주로 리튬이온전지 기반이고 원리 자체는 간단했다. 리튬이온이 전해질을 통해 리튬 금속 산화물($LiCoO_2$, $LiNiMnCoO_2$ 등)로 이루어진 양극에서 흑연으로 이루어진 음극으로 이동하면 전류가 흐르면서 전기가 충전되고, 반대로 리튬이온을 음극에서 양극으로 이동시키면 방전되는 식이다. 그렇게 우리는 전기를 사용할 수 있다. 리튬이온전지는 다른 형태의 전지보다 높은 에너지 밀도와 긴 수명, 상대적으로 빠른 충전 속도를 제공하기 때문에 널리 쓰이고 있지만 느린 충전 속도와 같은 한계를 지니고 있다.

정성은은 전기차 배터리 산업에서 한국, 중국, 일본이 각기 다른 전략으로 경쟁하고 있다고 전했다. 그는 특정 국가에서 생산된 배터리가 특별히 더 안전하거나 위험하다고 보기 어렵고, 각국이 선택한 기술적 접근 방식에 따라 장단점이 존재한다고 강조했다. 중국은 리튬 인산철(LFP) 배터리를 대규모로 생산하여 가격 경쟁력을 확보하고 있으며, 한국은 높은 에너지 밀도를 갖춘 니켈 리치(Ni-rich) 배터리를 중심으로 기술 우위를 추구하고 있다. 다만 최근에는 우리나라를 포함한 여러 국가에서 LFP 배터리에 대한 관심이 높아지며 연구개발이 활발히 이루어지고 있고, 중국 또한 다양한 양극재 기술을 병행 개발 중이어서 양국의 전략을 이분법적으로 단정하기는 어렵다.

또, 그는 중국이 글로벌 시장의 점유율 면에서는 앞서고 있지만, 한국은 기술력과 품질 차별화를 통해 지속적인 경쟁력을 확보해나갈 필요가 있다고 밝혔다. 특히 안전성과 효율성을 모두 충족하는 차세대 배터리 개발이 향후 각국의 성공을 가늠할 중요한 요소가 될 것이라고 전망하며 우리나라의 대응 역시 긍정적으로 평가했다.

"제가 2차 전지와 관련해서 진행 중인 연구는 두 가지라고 볼 수 있습니다. 하나는 고체 전해질과 관련된 연구이고 다른 하나는 리튬-공기 전지예요. 전자가 보다 상용화에 가까운 기술입니다. 액체 전해질이 아닌 황화물이나 산화물, 고분자 기반의 고체 전해질을 사용하는 전지를 전고체 전지(All-Solid-State Battery)라고 부르는데 그것의 물리적 특성으로 인해 화재나 폭발 위험이 적고, 내열성이 높기에 극한의 온도 조건에서도 안정적으로 작동 가능하다는 기대를 받고 있습니다. 또한 음극에 리튬 메탈 사용이 가능해 에너지 밀도를 기존 리튬 이온 전지보다 두 배 이상 높일 수 있어서 전기차의 주행 거리와 같은 성능 개선으로 이어질 수도 있어요. 이미 많은 기업에서 연구가 진행 중인 분야입니다. 그렇지만 학교는 기업보다 더 미래 지향적인 연구를 해야 하잖아요? 후자인 리튬-공기 전지가 이에 해당합니다. 리튬-공기 전지는 이론적으로 가장 높은 에너지 밀도를 가진 2차 전지 기술로, 무게를 줄이고 성능을 극대화할 수 있는 가능성이 있습니다. 고체 전해질을 사용할 경우 전극과 전해질에 고체 소재가 포함되어 배터리의 무게가 증가할 수 있지만 리튬-공기 전지는 기존 구조를 간소화함으로써 무게를 줄이는 것이 가능해요. 이 기술은 음극에 리튬 메탈을 사용하고, 양극에는 탄소 기반의 소재를 활용하여 경량화를 극대화하거든요. 이론적 용량 측면에서 리튬-공기 전지를 따라올 기술은 없다고 봐요. 리튬-공기 전지가 가진 에너지 밀도와 경량성 덕분에 저는 이 기술이 미래의 핵심 배터리 기술이 될 거라 믿고 연구를 이어가고 있습니다."

정성은은 리튬-공기 전지가 상용화된다면 이동 수단과 에너지 활용 방식이 근본적으로 변할 수 있다고 설명했다. 리튬-공기 전지를 사용하게 되면 전기 자동차 배터리의 위치가 현재처럼 하부에만 국한되지 않고, 차량의 문이나 지붕, 심지어 달릴 때 접하는 공기까지 활용하는 방식으로 확장될 수 있기 때문이다.

그는 또 다른 흥미로운 기술로 리튬-이산화탄소 전지를 꼽았다. 이 전지는 단순히 에너지를 저장하는 것을 넘어, 공장 등에서 배출되는 이산화탄소를 포집하여 에너지 저장과 전환 과정에 활용 가능한 기술이다. 공장에서 배출되는 이산화탄소를 포집하려면 물에 아민을 섞은 컬럼을 사용해야 하지만 과정이 복잡하고 에너지가 많이 소모되는 한계가 있다. 만약 배출된 이산화탄소를 직접 포집해 에너지원으로 활용할 수 있는 기술이 있다면 어떨까. 리튬-이산화탄소 전지는 전지 내부에서 리튬과 이산화탄소가 결합하여 새로운 화합물을 형성하며 에너지를 저장하고 필요할 때 이를 방출한다. 정성은은 이 기술이 이산화탄소 감축과 에너지 저장 문제를 동시에 해결할 수 있으리라 기대하고 있다.

이 기술의 가능성은 지구를 넘어 우주로도 확장된다. 화성 대기의 약 90%가 이산화탄소로 이루어져 있다는 점을 감안할 때, 리튬-이산화탄소 전지는 화성 탐사와 같은 우주 개발에서 핵심적인 에너지 솔루션이 될 수 있다. 실제로 리튬 이산화탄소 전지 연구에서는 화성을 염두에 둔 저온 작동 기술이 활발히 논의되고 있다. 정성은이 매일 밤 품고 있는 질문들은 새로운 배터리를 개발하려는 기술적 욕심을 넘어, 우리 사회와 미래를 아우르는 큰 비전을 담고 있는 듯했다.

모르는 것들을 탐구하는 재미

미국의 유명 애니메이션 〈심슨 가족〉에는 여덟 살짜리 여자아이 리사 심슨이 등장한다. 리사는 나이에 비해 어른스럽고 이성적으로 사고하는 캐릭터로, 과학과 수학에 뛰어난 재능이 있다. "과학 프로젝트로 태양광 미니어처 자동차를 만들었어요. 그 차가 바닥을 가로질러 달리는 걸 보니 정말 뿌듯했죠" 혹은 "물리 실험은 제가 가장 좋아하는 거예요. 운동의 법칙과 중력은 언제나 저를 놀라게 하거든요"라고 외치는 장면에서 리사의 열정과 호기심이 드러난다. 어린 나이인데도 스프링필드를 종횡무진하는 모습이 매력적인 캐릭터다.

정성은과 대화를 나누다 나는 몇 차례 리사를 떠올렸다. 정성은의 목소리에는 순수한 열정이 담겨 있었다. 반짝이는 그의 눈을 보고 있으면 어린 시절에도 지금처럼 세상을 향한 호기심이 가득한 성격이었을 것 같았다. 그는 어떤 아이였을까? 그에게도 리사처럼 태양광 자동차가 있었을까?

> "어릴 때 저에겐 과학이 가장 재미있는 과목이었어요. 영어와 과학을 가장 좋아했고, 수학도 못하진 않았지만 특별히 좋아하지는 않았어요. 사회나 역사는 관심이 없어서 지금도 기억에 남는 게 거의 없어요. 과학 중에서는 특히 물리를 좋아했어요. 물리가 제일 재미있었고 그다음이 화학이었어요. 제가 과학을 좋아하게 된 데는 딱히 특별한 계기가 있었던 건 아니에요. 순수하게 알지 못하는 것, 잘 모르는 것 들을 탐구하는 과정이 재미있었어요. 어릴 적에는 TV에서 방영하던 과학 실험 프로그램도 자주 봤고, 그런 내용이 흥미로웠죠. 부모님이 과학 키트를 사주시면 집에서 실험해보기도 했고요. 그게 정말 즐거웠던 기억으로 남아 있어요."

어린 시절에 대해 이야기하는 그의 말이 무척 편안하게

다가왔다. 특별한 사건이나 드라마틱한 순간이 아닌, 그저 재미있어서 좋아했다는 말이 자연스럽고도 따뜻했다. 잘 모르는 것을 탐구하는 과정에서 느꼈던 흥미는 지금도 그의 연구를 이끄는 원동력인 듯했다.

과학자의 연구는 일반적으로 문제 정의에서 시작해 문헌 검토, 실험 및 데이터 분석, 논문 작성, 발표와 공유로 이어지는 체계적인 과정을 따른다. 연구자는 먼저 해결하고자 하는 질문을 정의하고, 기존 연구를 검토하며 방향성을 설정한다. 이후 실험 설계를 통해 데이터를 수집하고, 이를 분석하여 결론을 도출한다. 연구의 마지막 단계에서는 논문을 작성해 발표하거나 학술지에 게재함으로써 연구 결과를 학계와 공유한다. 정성은에게 이 과정 중 어떤 단계에서 가장 큰 즐거움을 느끼는지 묻자 그는 망설임 없이 대답했다.

"저는 논문을 읽으며 공부하는 순간을 좋아해요. 수업 준비를 할 때도 새로운 자료를 공부하고 보충하는 작업을 즐깁니다. 그래서 수업을 하는 것보다 책 읽고 공부하는 시간이 더 재미있더라고요. 심지어 어렸을 때보다 지금 더 공부가 재미있어요. 학창 시절에는 수업 듣고 시험 준비하느라 흥미를 느낄 틈이 별로 없었지만, 지금은 여유롭게 이해하고 탐구할 수 있으니까요. 새로운 논문을 계속 검색하고 트렌드를 따라가는 것은 제 연구뿐만 아니라 학생들의 미래를 위해서도 꼭 필요한 일이죠."

정성은은 새로운 지식을 배우는 과정 자체에서 큰 즐거움을 느낀다고 말했다. 어린 시절부터 자연스럽게 형성된 성향이었다. 그러다 학위를 받은 후 직장 생활을 거치며 논문을 읽고 연구하는 일에서 자신이 가장 큰 흥미를 느낀다고 확신하게 되었다. 운 좋게도 팀원들과 논문 작업을 협력할 수 있는 기회가 주어져 그 과정을 즐길 수 있었다고 했다.

그렇기에 어떤 과학자가 되고 싶으냐는 질문에 그는 계속 배우고 성장하는 과학자라는 답을 들려주었다. 자신의 목표는 끊임없이 성장하고 새로운 분야에 도전하여 언젠가 인류에 도움이 될 수 있는 신기술을 개발하는 것이라고.

순환하는 에너지, 순환하는 세상

정성은에게 인류에 도움이 될 기술이란 어떤 모습일까. 에너지 자원을 주제로 대화를 나누며 그 답을 어렴풋이 짐작할 수 있었다. 오랜 고민 끝에 도달한 듯한 그의 답은 간결하면서도 명확했다. 그는 에너지 자원의 다양화와 지속 가능성을 이야기했다. 기술은 단순히 효율을 높이는 도구로 머무를 수 없으며, 안보와 평등이라는 사회적 가치, 그리고 윤리적 책임을 함께 고민해야 한다는 말과 함께.

특정 국가나 지역이 한정된 에너지 자원에 의존하면, 에너지 안보는 위태로워지고, 그 여파는 국가 경제와 국민의 삶에 치명적일 수 있다. 정성은은 이를 해결하기 위해 다양한 에너지 자원을 활용하고 안정적인 공급망을 구축하는 것이 필수적이라고 강조했다. 특히 그는 에너지 평등의 중요성에 대해 언급하며, 에너지는 현대사회를 지탱하는 기본적인 요소이기에 소득 수준이 낮거나 산간벽지 등의 소외된 지역에서도 안정적으로 공급되어야 한다고 했다.

이러한 관점에서 재생 가능한 에너지는 열쇠가 된다. 기후변화와 같은 전 지구적 문제를 차치하더라도, 태양광이나 풍력과 같은 에너지는 화석연료 의존도를 줄이는 동시에 더 많은 사람에게 안정적인 에너지 사용을 가능하게 하는 평등의 가능성을 품고 있다. 정성은은 이 모든 가능성을 상징하는 모델로 '제로에너지하우스'를 들며, 자신이 꿈꾸는 지속 가능한 미래의 구체적인 모습을 그려 보였다.

"제로에너지하우스는 필요한 에너지를 생산할 수 있는 에너지 자립형 빌딩이나 주택을 말합니다. 우리가 소비하는 에너지와 자체적으로 생산하는 에너지가 균형을 이루는 공간이에요. 태양광, 태양열, 지열 같은 재생 가능한 에너지를 활용하고, 폐수를 정화해 다시 사용하는 시스템을 갖춘 공간이죠. 여기에 연료전지나 배터리를 결합하면 에너지를 저장할 수 있어 완벽한 자급자족이 가능한 구조를 만들 수 있습니다."

그는 자원이 부족한 환경이나 고립된 지역에서 이 기술

이 얼마나 유용할지 상상해보라며 눈을 반짝였다. 제로에너지하우스는 이상적인 생태 시스템의 모델이라고 그는 설명했다. 건물 자체가 에너지를 생산하고 소비하며, 재생 가능한 자원을 활용해 탄소 배출을 최소화하는 이 시스템이야말로 지속 가능한 도시와 공동체를 만드는 데 중요한 역할을 할 수 있다는 것이다.

정성은은 이러한 구상을 어릴 적 즐겨 보았던 공상과학 영화 속 장면들과 연결 지었다. 영화 〈마션〉에서 본 우주 탐사선 내부의 자원 순환 시스템—식물을 키우고 물을 재활용하는 장면들—은 그에게 큰 흥미를 불러일으켰다. 그리고 지금 그 상상을 현실로 바꾸는 연구는 그가 가장 즐기는 일이 되었다.

그의 연구실에서는 이러한 비전을 실현하기 위한 다양한 시도가 이루어지고 있다. 알루미늄 캔을 재활용해 공기 전지를 만드는 프로젝트는 폐기물 자원 순환과 에너지 저장 기술을 결합한 혁신적 접근이었다. 또한, 희귀 자원을 대체할 수 있는 소듐 이온 배터리 같은 기술 개발도 활발히 진행 중이다. 이런 연구들은 에너지 평등과 지속 가능성이라는 그의 철학과 긴밀하게 맞닿아 있다.

정성은에게 제로에너지하우스는 단순한 기술혁신이 아니다. 그것은 인간과 환경이 조화롭게 공존하는 방식을 보여주는 상징이다. 그는 이 개념을 학생들과 공유하며 미래를 함께 그려볼 때, 자신이 하는 연구의 의미가 더욱 분명해짐을 느낀다고 했다. 정성은의 연구는 에너지 시스템을 넘어, 인간과 지구가 지속 가능한 방식으로 함께 나아갈 수 있는 길을 모색하는 여정이었다. 그런 맥락에서 제로에너지하우스는 단순한 건축물이 아니라, 미래를 설계하는 데 필요한 영감을 제공하는 시작점인지도 모른다.

실패하며 나아가는 마음

가면증후군. 이는 자신이 이룬 성공을 운이나 외부 요인 덕분으로 치부하며 자신의 능력을 끊임없이 의심하는 심리적 상태를 말한다. 많은 이들이 성공 뒤에 불안감을 감추고 살아간다. 과학자라고 예외는 아니다. 브라이언 키팅은 『물리학자는 두뇌를 믿지 않는다』에서 노벨상 수상자들조차 가면증후군을 경험했다고 적었다. 그의 말에 따르면, 실패는 누구에게나 찾아오는 법이고, 그 실패를 받아들이는 태도가 결국 삶의 방향을 결정한다.

정성은도 실패와 자책의 시간을 피해 갈 수 없었다. 연구가 예상한 결과를 내지 못할 때면, 그는 자신이 어디서 잘못했는지 되돌아보며 끊임없이 반성했다. MIT에서 연구하던 시절, 실험이 연달아 실패하고 원하는 데이터를 얻지 못했던 나날들이 떠오른다고 그는 말했다.

정성은,

2차 전지를 연구하는 마음

"그런 순간은 엄청 많았어요. 실험이 잘 안 될 때마다 비슷한 생각이 들었죠. 교수님들이 세상에서 아무도 하지 않은 연구를 해야 한다는 식으로 아주 도전적인 주제를 주시곤 했거든요. 도전적이고 새로운 분야일수록 실험이 잘 안 되는 경우가 많아요. 원하는 데이터가 나오지 않으면 스스로 '내가 뭘 잘못했을까?'라며 계속 자책하게 돼요. 문제를 분석하고, 자아 성찰을 끊임없이 하게 되죠. 다른 사람들과 비교해서 자책하는 건 아니에요. 내가 문제라고 느끼는 거죠. 어떤 유명한 교수님께서 하신 말인데, 대학원생은 1년 365일 중 360일은 실패하는 스트레스를 견뎌야 한다고 해요. 현재도 마찬가지예요. 리튬-공기 전지나 전기자동차 전지를 연구할 때도 효율이 계속 높아지는 데이터를 얻는 경우는 드물어요. 오히려 데이터가 더 나빠질 때도 많죠. 이런 일이 훨씬 더 자주 발생합니다."

그러나 실패를 대하는 정성은의 태도는 가면증후군의 전형적인 모습과는 거리가 멀었다. 가면증후군을 겪는 사람들은 실패를 자신의 무능함으로 치부하지만, 정성은은 실패를 실험 데이터의 한 부분으로 여긴다. 실패한 결과가 쌓일수록, 더 나은 방향성을 찾는 단서가 늘어난다고 믿는다. "적당한 시기에 미련을 끊고 다음으로 넘어가는 것"이 중요하다고 그는 말했다. 해온 시간이 아깝더라도 새로운 방향을 모색해야 할 때가 있다는 그의 태도에는 실험과 실패를 대하는 담담한 결단이 담겨 있었다.

이러한 태도는 그가 겪은 도전과 성공 사례를 통해 더욱 분명해진다. 그의 연구실은 2023년 경기도 기술개발사업의 수행기관으로 선정되며 리튬-공기 2차 전지 개발에 착수했다. 1년 안에 성과를 도출해야 하는 촉박한 일정 속에서 연구실 구성과 학생 교육까지 병행해야 하는 쉽지 않은 상황이었다.

그럼에도 그는 여러 가지 접근법을 동시에 시도하며 문제에 맞섰다. 결국 마지막 하나가 성공적으로 성능을 입증해 특허 출원과 논문 준비로 이어졌다. 그는 "미련 없이 끊고 다른 방향으로 전환하는 결단"이 없었다면 이러한 성과를 이루지 못했을 것이라 말했다. 연구의 성공은 끈기와 결단력 사이의 균형에서 비롯된다는 것을 그는 보여주었다. 실패에서 교훈을 얻되, 불가능한 길을 고집하지 않고 적절한 시점에 새로운 가능성을 찾아가는 것이 그의 연구가 가는 방향이었다.

이 프로젝트는 우수 평가를 받으며 성공적으로 마무리되었다. 비록 수많은 시도 가운데 하나의 성공일지라도, 그 결과는 단순한 성과를 넘어서는 의미를 지니고 있었다.

정성은이 마음을 다잡게 해주는 또 하나의 원동력이 있다면 그건 바로 종교다. 천주교 신자인 그는 성서 말씀에서 자신을 다독이고 다시 나아갈 힘을 얻는다. 박사 과정 중 힘든 날이면 연구실에 도착해 성서를 필사하며 하루를 시작했다. 성서 말씀을 되새기며 마음을 정리하는 그 시간이 그에게는 중요한 의식이었다.

"너무 힘든 순간에는 성서 말씀에 의지해요. 말씀을 되새기다 보면 복잡했던 마음이 차분해지고, 무엇을 해야 할지 명확해지더라고요."

성공과 실패를 반복하면서도 흔들리지 않고 연구를 이어가는 그의 모습 뒤에는 내적인 성찰과 회복의 시간이 함께하고 있었다. 치열한 실험과 분석이 일상처럼 이어졌지만, 그 바탕에는 말 없이 자리를 지키는 믿음이 있었다. 준비된 길을 믿고 나아가는 듯한 그의 태도는 그저 노력의 결과라기보다, 오랜 신념과 내면의 평온에서 비롯된 것처럼 보였다.

이야기를 듣고 보니 정성은에게 연구는 단순한 과학적 탐구를 넘어 맡겨진 소명을 묵묵히 완수해가는 과정처럼 보였다. 불확실성과 한계 앞에서도 물러서지 않는 태도는 어쩌면 매 순간을 의미 있게 바라보는 신앙적 시선에서 비롯된 것일지 모른다. 흔들리지 않는 내면의 힘을 지닌, 여러모로 마음이 단단한 사람이었다.

추리소설을 읽는 마음

인터뷰를 읽어줬으면 하는 사람이 누군지 묻자 정성은은 망설이지 않았다. 가족, 그리고 학생들. 과학자의 삶이 어떤 모습인지, 연구라는 여정이 어떤 질문과 답으로 채워지는지 궁금해하는 사람들이 떠올랐던 것이다. 그는 과학자의 삶을 추리소설에 비유하며 이렇게 말했다.

> "단서를 따라가며 사건을 해결해나가는 탐정처럼, 연구자는 데이터를 분석하며 보이지 않는 작동 원리를 풀어갑니다. 그 과정에서 질문을 만들고 해답을 찾는 것이 바로 연구의 본질이에요."

그에게 질문을 던지는 용기는 연구라는 여정의 시작이었다. 과학자의 삶이란 답을 찾으려는 끊임없는 시도 속에서 추리소설처럼 흥미로운 이야기를 만들어가는 과정이라고 그는 덧붙였다. 단서를 추적하며 이야기를 엮어가는 탐정처럼, 과학자는 데이터를 좇아 보이지 않는 원리를 밝혀낸다. 역시 과학에서 가장 중요한 것은 답이 아니라 던지는 질문 그 자체인 것이다.

정성은은 학생들을 지도할 때도 이 원칙을 따랐다. 그는 학생들의 흥미를 연구의 출발점으로 여겼다. 연구 경험이 전혀 없는 학생일지라도 본능적으로 자신에게 끌리는 주제가 있다는 점을 발견하며 신기함을 느꼈다. 아직 아는 게 많지 않은 학생조차 몇 가지 주제를 제시하면 콕 집어서 선택한다는 것이다. 그 선택이 때로는 직관적이고 때로는 익숙함에서 비롯되었다 하더라도 자신이 고른 주제에 대해서는 쉽게 '하기 싫다'는 말을 하지 않는다고 했다.

그렇기에 그는 학생들과 자주 대화를 나누며 그들이 무

엇에 관심이 있는지 수시로 확인하고, 이를 바탕으로 적합한 연구 주제와 매칭하려고 노력했다. 흥미를 잃지 않고 지속할 수 있는 연구는 결과 또한 훨씬 의미 있다고 믿었기 때문이다.

그는 이 현상을 단순히 우연으로 보지 않았다. 내가 인터뷰 시작 전에 언급했던 '맹구부목'을 다시 끄집어냈다. "어쩌면 연구자와 연구 주제의 만남도 사람 간의 인연 같은 게 아닐까요? 운명처럼 정해져 있는 것일 수도 있고, 그만큼 귀한 만남일 수도 있지요." 그는 웃으며 말했다. 그의 말은 연구와 연구자 사이의 특별한 교감을 짚어내는 듯했다.

우연한 만남에서 시작된 정성은과의 만남은 그 자체로도 가치가 있지만, 한 과학자의 삶과 열정을 발견했다는 데 더 큰 의미가 있었다. 정성은 역시 자신의 이야기가, 자신의 연구가 누군가의 삶과 연구 세계에 더 큰 영감을 불러일으키길 바란다고 말했다. 그의 말처럼 흥미를 발견하고 질문을 던질 용기가 있다면 연구라는 미지의 바다에서 헤엄치며 또 다른 나무 조각을 발견할 수 있을 것이다.

배상수, 유전자 가위를 연구하는 마음

훌륭한 아이디어를 찾는 가장 좋은 방법은
많은 아이디어를 내는 것이다.
- 라이너스 폴링(Linus Pauling)

배상수는 유전자 교정 기술의 최전선에서 활약하고 있는 과학자다. 서울대학교 의과대학 생화학교실 교수인 그는 크리스퍼 유전자 가위, 염기 교정, 프라임 교정 기술 등 첨단 도구들을 활용해 유전 질환 치료의 새로운 가능성을 현실로 끌어당기고 있다. 물리학을 전공해 물리천문학부에서 박사 학위를 받은 이후 생명과학으로까지 연구의 지평을 넓혀온 그의 여정은, 한 분야에 머무르지 않고 지식을 가로지르는 과학자의 태도를 보여준다.

그의 대표적인 성과 중 하나는 초정밀 아데닌 염기 교정 유전자 가위의 개발이다. 기존 유전자 편집 방식보다 훨씬 빠르고 정밀하게 특정 염기를 교정할 수 있는 이 기술은, 유전 질환의 근본적인 치료를 훨씬 가까운 현실로 만들어주었다. 이 연구는 2021년, 국제 학술지 『네이처 바이오테크놀로지』에 발표되며 세계의 주목을 받았다. 하지만 그는 기술을 만드는 데에만 머물지 않는다. 그 기술이 실제로 어떻게 쓰일지, 궁극적으로 누구에게 가닿을 수 있을지를 함께 고민하며 연구를 이어가고 있다.

배상수는 협업의 힘을 누구보다 잘 안다. 다양한 분야의 전문가들과 긴밀히 협력하며 복잡한 문제를 풀고 그 안에서 새로운 아이디어를 끌어낸다. 그의 연구실은 자유롭게 아이디어를 주고받고 자율적으로 실험할 수 있는 분위기를 중시하는 곳이다. 그런 환경은 단단한 신뢰를 바탕으로 움직이며 결국 창의적인 결과로 이어진다.

실제로 배상수를 직접 만나보면 그의 말투에는 놀라울 만큼 명료한 리듬이 있다. 복잡한 과학 개념조차 또렷하게 설명해내는 방식에는 과학자로서의 훈련된 사고가 자연스레 배어 있다. 그는 미래를 말할 때 희망을 함께 이야기하고, 기술을 말할 때 사람을 잊지 않는다.

요리는 칼끝에서 시작된다. 며칠째 넷플릭스 시리즈 〈흑백요리사〉를 보며 든 생각이다. 다양한 경력의 요리사들이 계급장을 떼고 대결하는 구도 자체만으로도 흥미진진했지만, 내겐 그들이 요리하는 움직임이 마치 무대 위 공연처럼 매혹적이었다. 무엇보다 놀라웠던 건, 칼로 재료를 다듬는 모습이었다. 내가 부엌에서 다루는 비슷한 채소와 고기가 그들의 손끝에서는 전혀 다르게 변했다. 그토록 얇고 정교하게 재료가 다듬어지는 건 손기술의 문제일까, 칼의 문제일까. 유독 칼날이 남달라 보였다. 저토록 선명한 칼의 성능은 매일 간 날 덕분인지, 아니면 제품 자체의 차이인지 궁금해졌다.

나와 비슷한 감탄을 한 사람이 많았는지, 여러 온라인 커뮤니티에서 〈흑백요리사〉에 등장하는 칼에 관심을 보이는 글을 쉽게 찾을 수 있었다. "저 셰프가 쓰는 칼은 어떤 브랜드인가요?" "프로그램에서 요리사가 사용하는 칼이 판매되나요?"와 같은 질문들이었다. 심지어 특정 요리사의 이름을 내건 칼이 온라인 마켓에서 인기 상품으로 떠올랐다. 평범한 주방도 명장의 칼이 놓이는 순간 조금은 특별해질 것만 같은 마음이었을까. 자료를 찾아보고 알아볼수록 칼은 단순한 도구가 아니었다. 잘 벼려진 칼은 재료를 낭비하지 않고 정확하게 본질을 드러낸다. 날이 선 칼은 요리사의 의도를 오롯이 전하고 그의 요리 철학과 자세와도 관련되어 있다. 그래서 셰프들은 날마다 칼을 가는가 보다. 재료가 바뀌고 레시피가 바뀌어도, 날카롭게 준비된 칼이야말로 요리사의 생각을 제대로 구현해내는 도구일 테니. 날이 선 칼이 재료의 본질을 드러내듯 좋은 칼이 좋은 요리를 만드는 듯했다.

요리에 칼이 있다면 과학에는 정밀한 도구가 있다. 날이 선 도구는 복잡한 현상의 결을 정확하게 읽어낼 테지만 어설픈 도구는 본질을 흐릿하게 만들 것이다. 과학은 더 정밀한 도구를 찾으며 발전해왔다고 해도 과언이 아니다. 실험을 거듭하며 도구를 다듬고 끝없는 검증 속에서 점점 날을 세운다. 그렇게 다듬어진 도구는 어느 날 마침내 새로운 가능성의 문을 연다.

배상수라는 이름을 검색하면 '크리스퍼 유전자 가위'가 함께 따라 나온다. 가위라니, 무언가를 자를 때 쓰는 도구 아닌가. 그렇다면 유전자 가위는 유전자를 자르는 가위일까. 그가 쓰는 가위는 어떤 모습일까. 요리사의 칼처럼 날카롭고 정교해서 날마다 갈아야 할 만큼 섬세할까. 그렇다면 그의 마음은 요리사의 마음과 닮지 않았을까. 이런저런 상상을 품은 채, 나는 혜화역 인근 서울대학교 병원에 자리한 배상수 교수의 연구실로 향했다. 한 걸음 한 걸음 계단을 오르며 그의 마음과 마주할 준비를 했다.

크리스퍼 유전자 가위

4층 천장에는 '생화학교실'이라는 팻말이 붙어 있었고, 복도 한쪽에는 여러 실험 장치가 놓여 있었다. 좁아진 복도를 지나 '배상수'라 적힌 명패가 달린 연구실 앞에 도착하니, 문에 붙은 'Research Festival' 포스터가 보였다. 포스터 속 행사는 이미 날짜가 지난 것으로, 유명 과학 크리에이터가 참여했고 배상수는 'Road to Top Journal'이라는 세션에 참석한 모양이었다. 이 방의 주인은 동료나 후배와 더불어 다양한 영역에서 활동하는 사람일 거란 짐작이 들었다.

안으로 들어서자 책장과 책상, 소파가 시야에 들어왔다. 뭔가 한창 작업이 진행 중인 듯한 책상 위에는 논문으로 보이는 인쇄물이 놓여 있었다. 맞은편엔 편해 보이는 소파가 자리해 서로 대조적인 느낌이었다. 그 가운데 선 배상수가 나를 보고 환하게 웃으며 소파를 가리켰다. 풍채가 꽤 좋은 사람이었다.

인터뷰 준비를 하며 크리스퍼 유전자 가위에 대해 찾아봤던 기억을 떠올렸다. 크리스퍼(CRISPR)는 'Clustered Regularly Interspaced Short Palindromic Repeats'의 약자로, 번역하면 '규칙적으로 간격을 두고 모여 있는 짧은 회문 반복 서열'이라는 뜻이다. 이 용어는 세균이나 고세균의 유전체에 존재하는 특이한 DNA 배열을 가리킨다. 크리스퍼는 과거 감염 정보를 기억하고 이를 바탕으로 특정 DNA를 인식하는 능력과, 이를 안내해 DNA를 자를 수 있는 특정 단백질의 조합 덕분에 정밀한 유전자 편집 도구인 크리스퍼 유전자 가위로 발전하였다. 이 기술을 개발한 제니퍼 다우드나와 에마뉘엘 샤르팡티에가 2020년 노벨화학상을 받았다. 생명과학 분야에서는 '게임 체인저'라고 불릴 만큼 혁신적인 기술이었고, 질병 치료부터 작물 개량, 유전자 연구에 이르기까지 활용 가능성이 무궁무진하다.

　크리스퍼 유전자 가위가 얼마나 대단한 도구인지 머릿속으로는 이해했지만, 실험실에서 실제로 그것을 '제작'하고 '다듬는다'는 것은 어떤 과정일지 선뜻 그려지지 않았다. 그래서 인터뷰 초입에 배상수에게 유전자 가위를 제작한다는 건 구체적으로 무슨 의미인지 물었다. 그는 차분하게 연구 원리를 설명했다.

"유전자 가위는 단백질입니다. 하지만 실험에서는 이 단백질 자체를 세포에 직접 넣는 것이 아니라 그 단백질을 만들어내는 DNA를 먼저 넣습니다. 왜냐하면 세포 안에서는 DNA가 단백질로 발현되기 때문입니다. 다시 말해, 우리가 DNA 서열을 설계해 세포에 주입하면 세포는 그 유전정보를 바탕으로 유전자 가위 단백질을 스스로 만들어냅니다. 그리고 이렇게 생성된 단백질이 세포 안에서 원하는 유전자 부위를 찾아가 잘라내거나 교정하는 작업을 수행하게 되죠. 이 유전자 가위 단백질을 더 정밀하게 만들고 싶을 때는 단백질 공학 또는 프로틴 엔지니어링이라는 접근법을 사용합니다. 단백질은 펩타이드 서열(아미노산 서열)의 조합으로 이루어져 있는데, 이 서열을 일부 바꾸면 단백질의 성질이 달라져요. 그런데 단백질 자체를 직접 바꾸는 것은 어려우므로 앞서 설명한 것처럼 DNA를 먼저 바꿉니다. DNA 서열을 수정하면, 그것이 발현된 원하는 단백질을 얻을 수 있거든요."

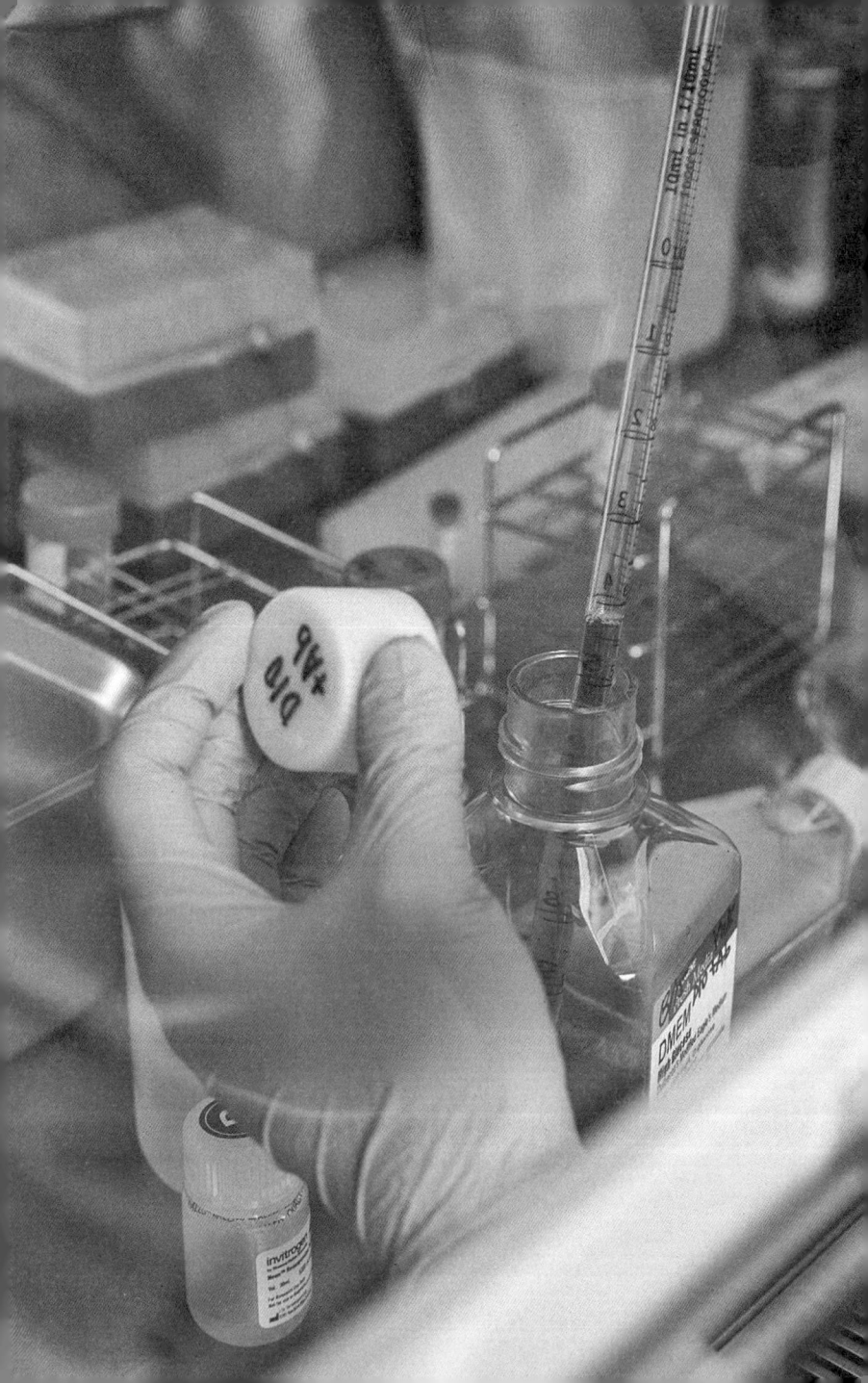

DNA가 중요한 것은 그 안에 유전정보가 담겨 있기 때문이다. 생명체는 세포라는 작은 단위 안에 자신을 구성할 설계도를 품고 있고, 설계도는 DNA라는 고분자 물질의 형태로 존재한다. 생명은 이 염기 서열에 담긴 정보를 따라 움직이고 살아가는 것이다. 그리고 그 정보는 세대를 넘어 또 다른 생명에게 고스란히 전해진다.

만약 DNA를 원하는 대로 수정하거나 교정하는 기술이 있다면 인류는 생명체의 근원을 조절하는 일에 다가서는 강력한 도구를 손에 쥔 셈이다. 이는 유전 질환을 극복할 수 있는 새로운 치료의 열쇠이기도 하다. 실제로 존재하는 많은 희귀 유전 질환은 단 하나의 염기 서열이 잘못된 데서 비롯한다. 아주 미세한 차이 하나가 선천적 시각·청각 장애나 효소 결핍에 따른 대사 이상을 일으키기도 한다. 배상수를 포함한 수많은 과학자들이 하고 있는 연구는 30억 쌍에 달하는 인간 DNA 속에서 특정 염기 서열만을 정확하게 바꾸기 위한 방법을 찾는 일인 셈이다.

유전자 가위를 더 정밀하게 만든다는 배상수의 말은 이 기술이 아직 완성되지 않았다는 뜻이다. 2012년 등장한 크리스퍼 기술이 혁신적이었던 건 맞지만, 안전성에 대한 우려가 꾸준히 제기되었으며 특정 염기 서열을 다른 염기로 치환하는 효율성 역시 높지 않았다고 그는 설명했다. 이후 하버드대학에서 개발한, 더 나은 가능성을 지닌 아데닌 염기 교정 유전자 가위가 있었지만 그것조차 완전한 도구는 아니었다.

배상수의 주요 연구 업적 중 하나는 그 유전자 가위의 성능을 비약적으로 상승시켰다는 데 있다. 2019년 그는 연구팀과 함께 아데닌 염기 교정 유전자 가위가 특정 조건에서 시토신 염기까지 함께 바뀌는 문제점을 세계 최초로 발견했다. 이후 후속 연구를 통해 해결 방법을 찾아냈고, 2021년에는 기존 기술보다 최대 50배 가까이 정확도를 높인 초정밀 유전자 가위를 완성한 것이다. 이 연구는 다시 한번 『네이처 바이오테크놀로지』에 실렸고, 배상수는 2022년 '이달의 과학기술인상'을 수상하며 국내 과학계의 중심으로 떠올랐다.

그럼에도 배상수는 유전자 가위 기술이 여전히 시작 단계라고 보았다. DNA를 수정할 수 있는 시대는 이미 열렸지만 기술적 완성도는 여전히 갈 길이 멀다는 것이다. DNA는 수만 년 동안 진화를 거쳐 축적된 생명의 설계도이기 때문에 이를 섬세하고 안전하게 다루기 위해서는 지금보다 훨씬 정밀한 기술이 필요하다고 말했다.

눈부신 성과에도 배상수는 만족하지 않았다. 그에게 유전자 가위는 이미 손에 쥔 미래가 아니라 이제야 조금 문이 열린 가능성이었다. 그는 확신에 찬 어조로, DNA를 정밀하게 수정하는 시대는 결국 도래할 것이며 그 속도는 우리가 예상하는 것보다 훨씬 빠를지도 모른다고 예측했다. 스마트폰이 불과 10년 만에 세상을 바꾸었고, 챗지피티(ChatGPT)가 지금 이 순간 변화를 이끌고 있듯, 유전자 편집 기술 또한 앞으로 10년 안에 눈부신 변화를 가져올 거라고 그는 확신했다.

칼을 날카롭게 만드는 일

"유전자 가위는 말 그대로 도구예요. 가위니까요. 요리에 비유하자면 칼 같은 거죠. 저는 그 칼을 정말 날카롭게 만들고 싶습니다. 칼이 무디면 원하지 않는 부위를 건드리거나, 제대로 썰지 못하잖아요. 저는 그 칼이 정확하게, 원하는 부위만을 자를 수 있도록 개발하는 일을 합니다. 그런데 날카로운 칼이 왜 필요할까요? 요리를 잘하기 위해서죠. 그래서 저희에겐, 그 요리를 완성할 사람이 꼭 필요합니다."

그가 만든 도구는 정확한 요리를 완성할 수 있도록 돕는 역할을 한다. 그는 칼을 가는 사람이고, 요리를 완성하는 사람은 임상의사, 생물학자, 데이터 과학자 들이다. 도구 하나가 쓰이기 위해선 수많은 '손'과 '머리'가 함께 움직여야 한다는 사실이 그의 설명 안에서 자연스럽게 드러났다. 그는 협업이 선택의 문제가 아닌 생존의 문제라고 말한다.

"그래서 임상의사들과의 연구가 꼭 필요합니다. 저희도 칼을 가는 데 어려움을 겪을 때가 있어요. 그럴 때는 다른 전문가들의 도움이 필요하죠. 현대 과학은 협업이 필수입니다. 이제는 한 연구실에서 모든 걸 갖출 수가 없습니다. 과학의 속도가 느리다면, 저희가 논문도 찾아보고 천천히 공부하면서 따라갈 수 있을 거예요. 환자 정보도 직접 찾아가며 해볼 수 있겠죠. 하지만 지금은 너무 경쟁적이에요. 그럴 시간이 없습니다. 오히려 전문가를 만나서 함께 연구하는 것이 훨씬 빠릅니다."

실제로 그의 연구에는 다양한 분야의 전문가들이 긴밀히 참여하고 있었다. 단백질 구조를 분석해 유전자 가위가 어디를 자르면 되는지를 정밀하게 제시하는 구조생물학자, 그 구조를 시뮬레이션으로 검증하는 계산 과학자, 개발된 도구를 임상 현장에서 평가하는 의사들까지. 이 모든 과정은 각기 다른 전문성이 모여 이뤄낸 집단적 설계 작업이었다.

이러한 협업의 대표 사례로, 서울대 김선·김찬혁 교수 팀과의 공동 연구가 있다. 이들은 크리스퍼 유전자 가위의 큰 부작용 중 하나인 긴 DNA 손실의 원인을 규명해냈다. 무려 800여 개의 유전자를 동시에 분석했고, 그 결과 손상된 DNA를 복구하려는 생체의 자연적 메커니즘이 오히려 더 큰 손실을 일으킨다는 놀라운 사실을 밝혀냈다. 이 발견은 유전자 가위 기술의 정밀도뿐 아니라 안전성까지 끌어올리는 전환점이 되었고, 그만큼 혼자서는 도달하기 어려운 스케일의 연구였다.

그보다 앞선 단계에서는 우재성 교수 팀과의 협업이 있었다. 우 교수 팀은 다양한 미생물의 유전자 서열과 구조를 분석했고, 이를 기반으로 아데닌 염기 교정 유전자 가위를 설계하는 전략을 세웠다. 두 팀은 협력하여 30여 종의 유전자 가위를 제작했고, 그중 부작용은 줄이면서 교정 효율은 유지하는 고정밀 가위를 골라내 특허 출원했다.

이처럼 그의 연구는 매 순간 여러 분야의 손과 머리가 함께하는 구조로 이루어져 있다. 가위를 만들고, 실험하고, 조율하고, 검증하는 일까지 모든 과정은 하나의 유기체처럼 움직인다.

그는 자신을 '도구를 날카롭게 다듬는 사람'이라 표현했지만, 그건 그저 겸손의 뜻으로 하는 말이 아니었다. 실제로 그가 만든 도구가 어디에, 어떻게 사용될지 결정하는 과정은 늘 다른 이들과의 논의 속에서 이뤄졌다. 정밀하게 갈린 칼은 정확한 손에 들렸을 때에야, 불가능했던 것들을 가능케 한다.

그러나 그 칼을 설계하는 일은 분명히 배상수의 몫이다. 보이지 않는 그 도구는 어떻게 그렇게 정밀하게 그려지고 가공될 수 있을까? 그는 그 시작점을 망설임 없이 '아이디어'라고 짚었다.

아이디어를 떠올리는 일

아이디어라는 말의 뿌리는 '이데아(idea)'다. 고대 철학에서 이데아는 현실 너머에 존재하는 완전한 형상을 뜻했다. 그 후로 아이디어는 점차 외부 세계의 본질이 아니라 인간의 마음속에 나타나는 표상이나 이미지, 관념을 뜻하게 되었고 현재는 개인의 생각이나 영감의 뜻으로 쓰인다. 어원이 말해주듯

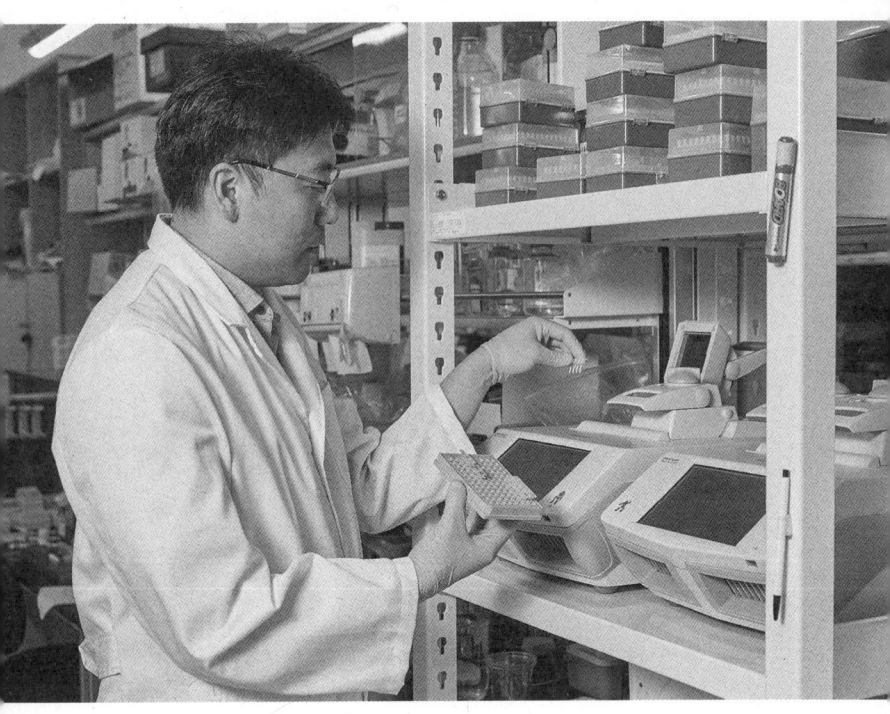

아이디어는 애초에 자신이 만들어낸다기보다는 '떠오르는' 것에 가까운 개념이다. 억지로 짜낼 수 있는 성질의 것이 아니다. 원하는 순간에 생겨나는 것도 아니다. 그래서 아이디어는 즐거움인 동시에 고통이다. 기다린다고 오는 것도 아니고 찾는다고 발견되는 것도 아니다. 그저 어느 날 어느 틈에, 문득 떠오를 뿐이다.

배상수는 그런 아이디어의 속성을 정확히 꿰뚫고 있었다. 연구에서 가장 즐거운 순간이 언제냐고 묻자 그는 망설이지 않고 이렇게 말했다.

"저는 연구 과정을 세 단계로 나눠서 봅니다. 처음 아이디어를 떠올리는 단계가 3분의 1, 실험을 수행하는 단계가 3분의 1, 그리고 논문으로 완성하는 과정이 마지막 3분의 1이죠. 흔히 연구는 실험만 끝나면 다 된 것처럼 생각하지만, 논문을 쓰는 것도 정말 어렵습니다. 피드백을 받고, 다시 실험하고, 또 반영하는 과정을 반복해야 하거든요. 그래서 저는 이 세 단계가 모두 중요하다고 생각하고, 실제 프로젝트마다 중심이 되는 단계가 조금씩 다릅니다. 그중에서 특히 기억에 남는 순간은 초정밀 유전자 교정 기술을 개발할 때였어요. 그 연구는 명백히 아이디어 단계에서 승부가 갈렸죠. 도구의 예상치 못한 오류를 발견한 학생이 제게 이건 본인 실수가 아니라 도구의 문제라며 가져왔을 때 직감적으로 느꼈습니다. '이건 진짜 아이디어가 되겠구나' 하고요. 아주 단순한 관찰이 전혀 새로운 질문이 될 수 있다는 걸 그때 다시 실감했죠."

연구의 가장 큰 어려움을 묻는 질문에도 그는 아이디어를 언급했다.

"개선이 아닌 새로운 도구를 만들어야 할 때는 처음 아이디어를 떠올리는 게 가장 어렵습니다. 저도 사실 지금까지는 기존 도구의 문제점을 찾아서 고치는 연구를 주로 해왔어요. 예컨대 앞서 이야기한 『네이처 바이오테크놀로지』 논문도 기존에 만들어진 도구에서 문제를 발견하고 수정한 연구였죠. 냉정하게 말하면 제가 아직 완전히 새로운 유전자 가위를 만들지는 않았습니다. 그건 정말 다른 차원의 아이디어가 필요하거든요. 제 목표이긴 하지요."

아이디어는 어쩌면 '만나는 것'이다. 하지만 아무나 만날 수 있는 건 아니다. 문제를 그냥 문제로 보는 사람이 있는가 하면 거기서 질문을 꺼내는 사람이 있다. 우연처럼 다가온 발견도 결국엔 그 안을 들여다볼 줄 아는 이에게만 '의미'가 된다.

위대한 과학자들이 아이디어를 포착한 사례도 비슷하다. 뉴턴은 떨어지는 사과를 보고 중력의 실마리를 잡았다고 전해지고 케쿨레는 뱀이 자기 꼬리를 무는 꿈을 꾸고 나서 벤젠 분자의 고리 구조를 떠올렸다고 한다. 파인만은 고등학교 시절 목욕탕 물이 회전하는 모습을 보며 물리 문제에 빠져들었다. 이들에게 뚜렷한 규칙이나 법칙은 없다. 이들에게 아이디어는 일상 속에서 예고 없이 찾아왔고 그것을 붙잡는 감각이 중요했다. 이처럼 아이디어는 개인의 관찰력과 직관 속에서 자라나기도 한다.

배상수가 말하는 아이디어는 이와 닮았으면서도 분명한 차이가 있다. 그의 아이디어는 더 이상 '개인의 번뜩임'으로 설명되지 않는다. 그는 아이디어가 어느 한 사람의 머릿속에서 고립적으로 떠오르는 것이 아니라, 연구실이라는 공간과 분위기 속에서 서서히 틔우는 '싹'에 가깝다고 말한다.

> "창의성을 극대화하려면, 자유도가 높아야 합니다. 생각에 제약을 두면 안 되거든요. 좋은 아이디어는 꼭 교수나 선배가 내라는 법이 없잖아요. 어린 친구들도 충분히 낼 수 있죠. 그래서 그런 분위기를 만들려고 해요. 누구라도 무언가 제안하면 '그래, 한번 해봐' 하죠. 해봤는데 정말 잘된다 싶으면 거기에 두세 명 정도 더 붙여서 본격적으로 연구를 시작하는 거예요."

아이디어가 머물 수 있는 연구실을 만들기 위해 그는 몇 가지 원칙을 세웠다. 가장 먼저, 연구 외적인 일에서 학생들을 보호하는 일. 행정 업무를 학생과 최대한 분리한다. 대학원생이라면 누구나 공감할, 현실적이고 구체적인 배려다. 또 하나는 즉각적인 실험이 가능한 구조다. 일정 금액 이하의 실험 장비나 재료는 학생들이 교수의 허락 없이 자유롭게 주문할 수 있도록 했다. 좋은 아이디어는 예고 없이 오기 마련인데 그 순간에 허락을 먼저 구해야 하는 구조라면 아이디어는 행동에 닿기 전 사라진다는 게 그의 생각이다. "실패해도 괜찮으니까, 일단 해봐"라고 말한다. 마지막으로, 그는 학생이 논문을 써 오면 빠르게 읽고 정성껏 피드백을 준다. 이유는 명확하다. 학생 논문이 책상 서랍 속에서 잊히는 건 흔한 일이다. 하지만 배상수는 어떤 아이디어든 작고 사소하다고 멈춰서는 안 된다는 신념을 갖고 있다. 흐름을 잇는 것, 작더라도 움직이게 하는 것, 그것이 중요하다.

그의 연구실은 아이디어가 위계 없이 흐르는 공간이다. 실험을 이끄는 건 지시가 아니라 질문이고, 성공보다 실험 자체에 집중할 수 있어야 한다. 수직이 아닌 수평, 명령이 아닌 탐색의 세계. 배상수는 그런 실험실을 만들고 있었다.

생물학을 연구하는 물리학 박사

아이디어가 흐르는 세계라니. 나와는 다른 세상에서 지내는 것처럼 보이던 배상수에게 강한 내적 친밀감을 느낀 순간이 있었다. 인터뷰를 시작한 지 한 시간이 조금 지났을 무렵, 그의 어린 시절 이야기를 듣던 중이었다.

"저는 초등학교 때부터 꿈이 뭐냐고 하면 그냥 늘 과학자라고 했어요. 사실 그게 정확히 뭔지는 잘 몰랐지만, 아무 생각 없이 그렇게 적곤 했죠. 중학교 때도 마찬가지였어요. 여전히 과학자. 왜 그런지는 모르겠는데, 항상 과학자였어요. 그러다 고등학교 진학할 때는 좀 더 분명해졌던 것 같아요. 저는 광주에서 학교를 다녔는데 자연스럽게 광주과학고에 진학했거든요. 그때도 여전히 꿈은 과학자였고, 그게 정말 하고 싶은 일이었어요. 그러니까, 소위 말해 성적이 아무리 잘 나와도 의대는 안 가고 과학을 하겠다는 마음이었던 거죠."

나는 그 말을 듣고 나서야 그가 얼마나 오래 과학을 품고 있었는지 실감했다. 서문에 밝혔듯 나 역시 과학자를 꿈꾸던 아이였다. 그의 말과 나의 기억이 겹치면서 우리는 전혀 다른 삶을 살고 있지만 한때 같은 단어를 가슴에 품었던 어린이였다는 사실에 문득 마음이 동했다.

당시 배상수가 머릿속에 그리던 과학자는 만화 〈아톰〉에 나오는 코주부 박사였다고 한다. 하얀 가운을 입은 백발의 과학자. 아톰을 만들고 그를 인간과 함께 살아가는 존재로 바라보는 캐릭터. 문득 배상수가 입은 하얀 실험복이 유난히 잘 어울린다는 생각이 들었다.

로봇을 연구하는 과학자를 동경했던 그가 물리학을 전공한 건 어쩌면 당연한 선택처럼 보인다. 그는 오래전 기억을 더듬었다. 고등학교 시절 물리는 가장 도전적인 과목이었다. 무

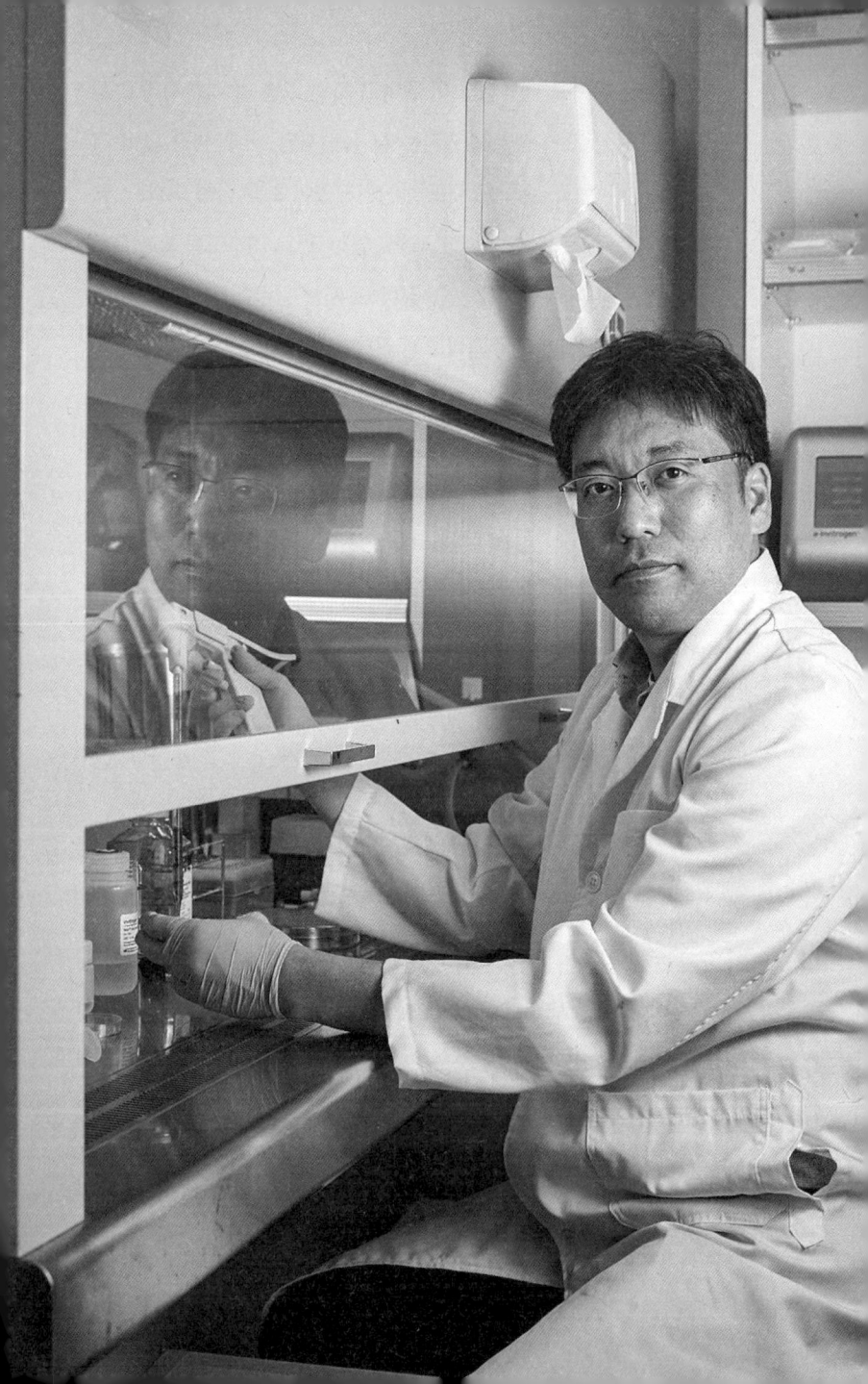

척 어렵게 느껴졌지만 한번 이해하면 오히려 간결하고 명료해지는 지점에서 무척 짜릿했다고 회상했다. 그래서 '이 맛을 알아보자' 하는 마음으로 물리학과에 진학했다고 한다. 그런데 어떻게 해서 유전자 가위를 연구하는 과학자가 된 것일까?

대학에 들어간 뒤 그는 생각지 못한 좌절을 경험했다. 돌이켜보면 흔히 겪는 어려움이라며 그는 웃었지만 그 시기를 떠올리는 말 뒤엔 잠시 여운이 있었다. 고등학교까지 그가 알던 물리는 뉴턴 역학이었다. 힘과 운동, 궤도와 가속도 같은 개념은 자신이 있었다. 하지만 대학에 들어가자 전혀 다른 세계가 펼쳐졌다. 양자역학, 통계역학… 이해는커녕 익숙해지기도 어려운 개념들이었다. 자신 있다고 믿었던 분야에서, 처음으로 '알 수 없다'는 감각을 마주한 순간이었다.

그때 그에게 떠오른 과학자가 한 명 있었는데, 바로 프랜시스 크릭(Francis Crick)이다. 제임스 왓슨(James Watson)과 함께 DNA의 이중나선 구조를 발견한 것으로 유명한 영국의 생물학자. 대체 왜 크릭을? 왓슨이 아닌 크릭인 이유가 궁금했다.

"혹시 크릭이 물리학을 전공했다는 거 아셨나요? 저는 대학에서 크릭이 물리학자였다는 사실을 처음 들었거든요. 무려 노벨생리의학상 수상자인 사람이 말이죠. 유니버시티칼리지런던에 입학해서 이학사 학위를 받고 물리학 박사 과정에 입학했었다고 해요. 박사 학위는 취득하지 못했지만 물의 점성 연구 같은 것을 했다는 기록이 있어요. 그러다 제2차세계대전이 터졌고 그 이후 생물학 연구에 관심을 갖기 시작했다더군요. 그 이야기를 알고 저도 막연하게 생물 쪽으로도 뭔가 기여할 수 있겠다는 생각을 한 기억이 나요. 그런 마음이 있었기에 대학원에서는 **생물물리 쪽 연구를 시작하게 됐던 것 같아요.**"

이 말을 듣고 나는 그가 크릭을 언급한 이유를 조금은 알 것 같았다. 그에게 크릭은 단순한 롤 모델을 넘어 과학을 하나의 고정된 길이 아닌 서로 다른 분야와 맞물리며 확장시킬 수 있는 가능성이자 증거였다. 벽에 부딪혔다고 느끼는 순간 다른 가능성을 떠올려주는 사람의 존재는 생각보다 큰 전환의 출발점이었을지도 모른다.

물리학도를 꿈꾸던 사람에게 생물학의 매력은 무엇이었을까? 배상수는 이 질문에 망설임 없이 답했다. 알면 알수록 생물학이 더 흥미롭게 느껴진다고. 처음에는 그저 물리학에서 느낀 좌절이 생물학이라는 대안을 떠올리게 했다고 여겼지만, 그의 설명을 듣다 보니 그 선택은 회피가 아니라 새로운 가능성에 대한 기대였다는 사실을 알 수 있었다.

"물리학의 전성시대는 언제였을까요? 저는 1900년대 초반이라고 생각해요." 그는 물리학과 생물학의 차이를 이렇게 설명했다. 그 시절에는 실험을 하면 언제나 새로운 결과가 나왔고, 아무도 해석하지 못한 데이터를 누군가 설명하면 바로 노벨상이 주어졌다는 것이다. 매일 새로운 발견이 이어졌고 그만큼 격렬한 변화와 혁신이 일어났다. 그는 그 시기가 물리학의 르네상스였다고 말했다.

하지만 지금 시대는 다르다. 배상수가 생각하기에 현대 물리학은 과거의 이론을 이해하고 복습하는 데 많은 시간을 써야 했고, 새롭고 근본적인 질문을 던지기까지 오랜 시간을 요구했다. 반면 생물학은 조금 달랐다. 여전히 모르는 것이 정말 많았다. DNA가 존재한다는 건 알지만 그 서열이 어떤 의미를 갖는지, 어떤 기능을 하는지조차 명확히 설명할 수 없었다. 그 무지야말로 배상수에게는 새로운 흥미였다. 해답이 이미 정해진 학문이 아니라 질문 그 자체가 연구가 되는 학문. 그는 생물학을 '연구할 것이 많은 학문'이라고 했다. 아직 이룬 것이 많지 않아 앞으로 밝혀야 할 것이 더 많은 분야. 이 분야에서는 자신도 뭔가 기여할 가능성이 있다고 느꼈다는 뜻이다. 살아 있는 개체가 연구 대상이라는 점도 좋았다.

배상수는 자신이 물리학을 전공했다는 사실이 부각되는 것이 조금 부담스러운 눈치였다. 자칫 두 학문 분야를 섣부르게 평가하는 식으로 비치진 않을까 하는 우려에서였다. "저는 모든 걸 새로 배웠어요." 그는 단호하게 말했다.

물리학 배경이 장점일 수도 있지만 동시에 한계도 있다고 인정했다. 무엇보다 생물학적 깊이가 충분하지 않다는 점은 스스로도 잘 알고 있고, 그건 시간이 지난다고 해서 쉽게 채워지는 문제는 아니었다. 그럼에도 그가 물리학에서 배운 어떤 습성들은 연구에 영향을 주었으리라는 짐작이 갔다. 예컨대 프로그램 코딩에 대한 거리감 없는 태도였다. 그는 대학에서 데이터를 분석하고 실험 결과를 정리하며 학습한 코딩 능력을 자연스럽게 활용할 수 있었고, 이는 생물학 연구에서 실험을 반복하고 수치화할 때 분명한 장점으로 작용했다.

배상수는 세상을 단순화해서 바라보는 사고방식도 물리학을 전공했기 때문일 수 있다고 추측했다. 그에 따르면 물리는 복잡한 세계를 단순한 모델로 바꾸는 데 익숙한 학문이었다. 복잡한 물체를 그냥 한 점으로 생각하고 그 점이 떨어질 때 어떤 일이 일어나는지를 보는 방식. 그는 유전자 가위의 작동 원리를 떠올리거나 새로운 기술을 설계할 때, 바로 이런 단순화된 시각과 원리 중심의 사고가 자신에게 큰 도움이 되었다고 돌아봤다.

그러나 그는 물리를 했기 때문에 생물학에서 뭘 해냈다는 식의 말은 하고 싶지 않다고 강조했다. 그저 물리학이 남긴 어떤 훈련과 태도가 지금의 자신을 조금 다른 방식으로 사고하게 만든 것일 뿐이라고.

중용의 마음

배상수는 자신의 과거를 화려하게 포장하지 않았다. 과거의 자신 덕분에 이런 걸 해냈다는 식의 자기 확신을 갖기보다는 그런 영향이 있을 수도 있다는 식의 조심스러운 태도가 인상적이었다. 그렇다고 지나치게 자신을 낮추는 것도 아니었다. 나는 자신의 능력과 한계를 구분하려는 그의 태도에서, 과학자로서 그가 어떤 방식으로 연구에 임하는지를 보여주는 단서를 찾은 것 같았다.

그는 '이달의 과학기술인상'을 수상했을 때 인터뷰에서 다음과 같이 말했다.

> 연구자로서 필요한 마음은 미래에 대한 낙관과 겸손함이라고 생각합니다. 연구는 계획대로 되는 경우는 거의 없으며, 열에 아홉은 실패합니다. 그렇기 때문에 미래에 대한 낙관을 가지고 자신감을 잃지 않는 것이 중요합니다. 또한, 현대의 연구는 그 복잡성과 경쟁으로 인해 혼자 진행하기 어렵습니다. 전공이 전혀 다른 연구자들의 협업이 점점 중요해지는 만큼 다른 사람들의 이야기를 귀담아듣고 깊이 사고하는 겸손한 마음이 필요합니다. 두 마음이 다소 상충하는 측면도 있습니다. 미래에 대한 자신감이 넘치다 보면 겸손함을 잃기도 하고, 겸손함을 강조하다 보면 미래에 대한 낙관을 잃어버리는 것 같습니다. 그래서 둘 간의 조화, 즉 중용이 필요하지 않나 생각됩니다.

이 글을 처음 읽었을 때, 나는 그가 말한 겸손과 자신감의 의미가 궁금했다. 연구자의 마음가짐에 대해 이토록 철학적으로 말하는 경우는 드물었다. 더구나 '중용'이라는 단어로

배상수,

274

보아, 그는 태도나 자세의 중요성을 강조하는 것을 넘어 그 사이의 긴장과 균형을 진지하게 고민해온 사람인 것 같았다. 그가 말하는 겸손이란 단지 자신을 낮추는 태도일까, 아니면 무언가를 받아들이는 자세일까. 또 중용이란 무엇일까.

생각난 김에 그에게 겸손의 의미가 구체적으로 무엇이냐고 물었더니 그는 자신이 말하는 겸손이란 직업적인 연구자, 즉 과학자가 된 이후의 삶에 관한 것이라고 답했다. 그는 대개 학생일 때는 자신감이 부족해서 겸손하지 말라고 해도 자연스럽게 겸손해질 수밖에 없다며, 자신도 그저 밥벌이 연구자 정도가 꿈이던 시절이 있었다고 덧붙였다. 그러다 교수라는 위치에 오르면 어느 순간 '이제는 뭐든 잘 된다'라는 생각이 슬그머니 자리를 잡는 시기가 오기 마련이라고. 배상수에게 겸손은 그런 순간에 대한 경계이자, 자신을 다시 연구자로 돌아보게 하는 장치였다.

그렇다고 해서 미래에 대한 낙관까지 내려놓는 것은 아니었다. 오히려 그는 실패가 많은 과학의 세계에서 그런 낙관이야말로 자신감을 지탱해주는 원천이라고 보았다. 잦은 실패를 견디며 논문을 쓰고 조금씩 원하는 성과를 얻다 보면 자연스럽게 자신감이 따라온다는 얘기였다. 겸손과 자신감은 얼핏 상반되는 마음처럼 보이지만, 그의 말처럼 둘 사이에서 균형을 잡으려는 태도야말로 연구자로서의 그를 지탱하는 기반이었다.

배상수가 말한 '중용'이라는 단어를 다시 떠올리던 중,

문득 오래전 도올 김용옥 교수가 쓴 구절이 생각났다. 그는 자신의 『중용』 한글 역주에서 말하길, 흔히 오해하듯 중용을 '이것과 저것의 가운데'로 이해하는 것은 잘못이라고 했다. 도올에 따르면 중용은 단순한 절충이 아닌 "모든 극단적 상황을 포용할 수 있는 상태"다. 다시 말해 용기는 만용과 비겁 사이 어디엔가 위치한 절제된 상태가 아니라 그 양 끝을 충분히 인식하고 그럼에도 불구하고 스스로 우러나오는 어떤 태도라는 것이다.

그 해석을 곱씹으며 배상수의 말을 다시 들여다보니, 그가 말한 겸손과 자신감의 조화도 비슷한 결이겠다는 생각이 들었다. 겸손하되 자신감을 잃지 않고, 자신감을 가지되 그로 인해 교만해지지 않는 태도. 그것은 어느 한쪽을 억누른 결과가 아니라 양쪽 모두를 경험하고 자각한 사람만이 취할 수 있는 자세 아닐까. 열에 아홉은 실패한다는 과학의 세계에서 그는 실패가 주는 낙심과 성공이 불러오는 자만 모두를 품은 채, 매 순간의 태도를 새롭게 조율해가고 있었다. 그것이야말로 과학자로서 그가 말하는 중용의 마음일지 모른다.

과학자가 세상을 바꾼다

긴 인터뷰가 막바지에 이르렀을 때 나는 잠시 망설였다. 이제껏 연구와 과학, 미래에 대해 이야기를 나눠왔는데, 마지막에 꺼내려는 질문은 결이 다소 달랐기 때문이다.

'의대 열풍'은 수년간 한국 사회에서 뜨거운 키워드 중 하나로 꼽혀왔다. 의대 진학은 개인의 진로 선택을 넘어 하나의 사회적 열풍처럼 번졌다. 의과대학에 소속된 교수에게 이 질문을 던지기가 약간 조심스러웠다. 더구나 이곳은 대한민국 최고의 성적을 거둔 학생들이 입학하는 서울대학교 의과대학이 아닌가. 당연히 주변은 의사가 되려는 열망으로 가득 차 있을 터. 그런데 배상수는 같은 공간에 있으면서도 과학자의 길을 걷고 있다. 과연 그는 어떤 마음으로 이 풍경을 바라보고 있을까.

"굉장히 중요한 질문입니다. 답도 단순하지 않고, 여러 각도에서 이야기할 수 있습니다. 우선 학술적으로 보자면, 지금은 의학이 매우 중요한 시대입니다. 전 세계적으로 그런 흐름이 이어지고 있어요. 1970년대는 공업화 시대라 제조업이 중심이었고, 1980년대에는 반도체와 전자 산업의 부상으로 물리학과와 전자공학과가 가장 강세였죠. 1990년대에는 컴퓨터와 인터넷의 확산과 함께 컴퓨터공학이 주목받았습니다. 그리고 지금, 의학과 생명과학 분야가 가장 큰 주목을 받고 있습니다. 이 현상을 단순히 IMF 이후 '안정적인 직업을 찾아야 한다'가 중요시되었다는 이유로만 설명할 수는 없습니다. 이제는 바이오 분야 자체가 하나의 르네상스를 맞이하고 있는 겁니다. 유전자 가위 같은 기술, DNA를 직접 교정하는 치료제, 다이어트 신약 같은 것들이 하루가 다르게 등장하고 있죠. 앞으로는 새로운 치료제들이 훨씬 더 빠른 속도로 쏟아질 겁니다. 산업 측면에서도 의학 기반의 바이오 산업은 급성장할 테고요. 이 분야를 잘 키우는 것은 하나의 중요한 사명이기도 하고, 꼭 필요한 일이기도 합니다. 실제로 2000년 이후 노벨생리의학상 수상자 중 절반 가까이가 MD, 즉 의사 출신이에요. 기초과학자들이 생물학적 현상을 하나하나 규명해나가던 시대는 어느 정도 마무리되었습니다. 이제는 사람을 대상으로 한 연구, 임상적 접근이 훨씬 더 중요한 시대가 된 것이죠. 코로나 백신 개발 역시 그 흐름을 상징적으로 보여주는 사례라고 생각합니다."

배상수의 설명은 분명 세계 산업구조 변화를 포착하는 데 의미가 있다. 하지만 국내 상황에 대한 설명으로서는 충분히 만족스럽지 않았다. 학생들은 바이오 혁신을 선도하겠다는 포부보다는 높은 소득, 안정된 직업, 사회적 지위를 기대하며 의대를 선택하는 경우가 훨씬 더 많다는 비판을 받고 있지 않은가. 실제로 국내 바이오 스타트업이나 연구소에 지원하는 의대 졸업생은 극소수에 불과하다. 그런 현실을 떠올리며, 나는 다시 묻지 않을 수 없었다. 과연 지금 의대를 선택하는 이들은 연구와 혁신을 향한 열망으로 그 길을 택하고 있는 것인가.

배상수는 잠시 생각에 잠긴 듯하다가 천천히 입을 열었다. "의대 출신들이 모두 개업만 하게 된다면 아무 의미가 없습니다." 그는 대학병원에 남아 임상과 연구를 함께 이어가는 길, 그곳에 진짜 희망이 있다고 말했다. 카이스트와 포스텍이 의과학대학원을 설립하여 기초연구 인력을 양성하려는 움직임에 대해서도 그는 긍정적인 시선을 보냈다. 이미 존재해온 의과학대학원은 생명과학과 의학의 경계를 넘나들며 연구에 집중할 수 있는 제도로, 그 의미를 높이 평가한 것이다. 반면 일부에서 시도되었던 임상의사를 양성하기 위한 의학전문대학원 설립에는 신중한 태도를 보였다. 현재는 그 계획이 거의 철회된 상태이지만, 그는 임상과 연구가 본질적으로 다른 영역임을 분명히 하면서, 두 길을 겹치게 하려는 접근에는 조심스레 거리를 두었다.

그는 연구를 택한 사람들은 더 많은 돈을 벌 수 있는 길을 마다하고 월급이 반토막 나는 삶을 선택한 이들이라고 덧붙였다. 그들에겐 돈이 아니라 과학을 향한 진심이 있다고. 그러나 그런 사람들은 많지 않다고 했다.

혹시 그들에게 하고 싶은 이야기가 있는지 묻자 그는 과학을 향한 속내를 드러냈다. 배상수에 따르면 과학기술은 단순한 학문이 아니라, 우리나라의 생존과 직결된 문제였다. 어쩌면 우리나라의 전성기가 지나가고 있을지도 모른다고 할 만큼 미래에 대해 우려가 크다는 그는, 앞으로 더욱 과학기술에 대한 관심을 키우고 미래 세대가 이 길로 나아가야 한다고 믿고 있다. 과학기술을 통해 우리가 다시 한번 방향을 정하고, 세계 속에서 자립할 수 있으리라 확신한다.

"과학자가 된다는 것은 세상을 바꾸는 일에 참여하는 것입니다. 새로운 기술이 등장할 때마다 세상의 방향은 바뀌고, 그 변화를 이끄는 힘은 과학기술에 있습니다. 이건 부인할 수 없는 사실입니다. 지금도 세계는 과학기술을 두고 치열하게 경쟁하고 있습니다. 미국이나 다른 나라들이 새로운 기술을 만들어내고 그 기술로 전 세계를 주도하려는 것도 다 그런 이유에서죠. 그렇다면 우리는 어떻게 해야 할까요? 우리 역시 우리만의 기술을 개발해야 합니다. 과학기술은 선택의 문제가 아니라 우리 미래를 지키는 길입니다. 그렇기에 많은 사람들이 과학에 관심을 가지고 세상을 바꾸는 일에 함께했으면 합니다. 누구나 꿈을 가질 수 있습니다. 그리고 그 꿈으로 세상에 뛰어드는 것이 바로 시작입니다."

정말 누구나 과학자가 될 수 있을까요? 그에게 웃으며 농담 반 진담 반으로 마지막 질문을 던졌다.

배상수는 웃으며 말했다. 누구나 과학자가 될 수 있지만, 약간의 조건이 따른다고. 그러고는 장난스럽게 손가락을 펼치며 그 조건을 하나씩 설명했다. 첫 번째 조건은 실패를 겁내지 않는 것. 실험은 생각보다 훨씬 많이 실패하기 때문에, 실패를 겪더라도 '한 번 더 해보자'라고 마음먹고 계속 도전할 수 있는 끈기와 긍정적인 태도가 필수적이라고 했다. 두 번째 조건은 끊임없이 공부하는 것을 힘들어하지 않는 마음가짐이다. 연구자는 평생 새로운 것을 배워야 하는 존재이며, 박사 학위를 받았다고 해서 배움이 끝나는 것은 아니라는 애

기다. 배상수는 세상을 바꾸겠다는 멋진 꿈만큼이나, 작은 실패를 견디고 스스로 배움을 이어가려는 마음이 과학자에게 반드시 필요하다고 강조했다.

"퇴근 후에도 연구 생각이 나는 게 괴롭지 않은 사람, 그런 사람이 진짜 과학자예요." 그도 농담처럼 덧붙였다.

인터뷰를 마치고 돌아가는 길, 두 시간 전 연구실 문 앞에 섰을 때가 떠올랐다. 처음에는 그가 다루는 유전자 가위가 얼마나 정교한 기술인지, 그 기술을 어떻게 더 날카롭게 다듬어가는지에 대한 궁금증이 컸다. 하지만 긴 대화를 지나오며 나는 점점 다른 질문에 이르게 되었다. 어떤 사람이 그런 기술을 다듬을 수 있는가. 어떤 마음이 그런 지난한 과정을 견디게 하는가.

배상수는 성취에 들뜨지도, 실패에 주저앉지도 않은 채 묵묵한 걸음으로 한 발 한 발, 자신의 영역에서 세계 최고의 길로 나아가고 있었다. 결코 무정하거나 기계적이지도 않은 자세로. 나는 그의 이야기를 들으며 생각했다. 과학이란 어쩌면, 세상을 바꾸는 도구를 만드는 일인 동시에 자기 자신이라는 칼을 조금씩 벼리는 일일지도 모른다고.

배종희, 달 궤도를 연구하는 마음

저는 그저 제 일을 했을 뿐입니다.

하지만 그 일이 늘 저에게 즐거움이었죠.

- 캐서린 존슨(Katherine Johnson)

배종희는 한국항공우주연구원 달착륙선사업단 달착륙선체계팀에서 일하는 항공우주공학자다. 그는 대한민국 최초의 달 궤도선 '다누리'의 궤도 설계와 비행역학 시스템 개발·운영을 맡아 진행했다. 다누리는 2022년 8월 지구를 출발해 4개월 반 동안 594만km의 우주 공간을 비행한 끝에 달 궤도에 진입했다. 이 여정 동안 배종희는 다누리의 위치와 속도를 실시간으로 분석하고 궤도 수정과 비상 상황 대비 기동을 설계하며 탐사선을 지켜냈다.

배종희는 포기를 모르는 과학자다. 그는 수년간 준비했던 계획을 전면 수정하고, 태양·지구·달의 중력을 정밀하게 계산해 연료 소모를 최소화하는 새로운 궤적을 설계했다. '탄도형 달 전이(BLT) 궤적'이라 불리는 이 경로는 훨씬 더 먼 우주를 거쳐 달에 도달하는 방식이었다. 예상치 못한 변수들, 반복되는 계산과 시뮬레이션 속에서도 그는 끝까지 방향을 놓지 않았고 결국 탐사선을 달 궤도에 안전하게 안착시켰다.

배종희는 궤도를 설계하는 과학자이자, 우리나라 우주산업의 내일을 고민하는 실천가다. 그는 매일 위성의 위치와 속도를 계산하면서도 더 많은 연구자가 우주를 연구하고 더 많은 어린이가 우주를 꿈꿀 수 있는 환경을 만들어야 한다고 말한다. 과학자로서의 역할 외에도 그는 우주 탐사에 대한 대중의 관심을 높이기 위해 다양한 활동에 참여하고 있다. 배종희의 연구는 하나의 탐사선을 넘어 한국 우주과학이 나아갈 방향을 향해 있다.

여기 한 소녀가 있다. 숫자와 계산을 좋아하는 아이다. 1918년 미국 웨스트버지니아에서 태어난 소녀는 어린 시절부터 숫자를 보면 그냥 지나치지 못했다. 계단을 오르면서도 몇 칸째인지 셌고, 친구들과 노는 와중에도 어느 쪽이 더 빠른지, 공의 속도는 어떤지 따져보곤 했다. 이런 딸의 재능을 믿은 부모는 흑인은 중학교 과정까지만 배워도 된다는 생각이 지배적이던 시절에 고등학교 과정을 마치도록 기꺼이 그를 지원했다.

열 살의 나이에 고등학교에 입학했고 열다섯에 대학교에 들어갔다. 수학과 프랑스어를 전공했는데 열정은 언제나 수학과 과학에 있었다. 숫자가 말을 걸어왔고 그녀는 그 언어를 누구보다 유창하게 읽었다. 시간이 흘러 그녀는 미국 항공자문위원회(NACA), 훗날의 미국 항공우주국(NASA)에 들어갔다. 당시 그곳은 계산을 잘하는 여성들을 필요로 했기 때문이다. 하지만 그는 곧 그저 계산만 하는 사람이 아니라 비행 궤도를 설계하고 예측하는 팀의 핵심 인물로 자리 잡는다. 그녀의 이름은 캐서린 존슨(Katherine Johnson). 2015년 오바마 대통령으로부터 미국 시민이 받을 수 있는 최고 영예인 '자유의 메달'을 받은 인물이다.

내가 그녀를 처음 알게 된 때는 2017년이었다. '히든 피겨스(Hidden Figures)', 숨겨진 인물들이라는 뜻의 책과 영화를 통해 접했다. 수많은 회의실에서 백인 남성들 틈 사이로 조용히 그러나 단단히 의견을 내는 그녀의 모습은 어떤 영화 주인공보다 강렬했다. 많은 제약과 차별 속에서도 그녀는 묵묵히 연필을 들고 계산을 멈추지 않았다. 캐서린 존슨이 아니었다면 미국의 우주 탐사는 지금과 다른 역사를 썼을지도 모른다. 그녀는 수학으로 편견에 둘러싸인 벽을 넘어 조국과 인류를 더 높은 곳으로 도약하게 했다.

그리고 2020년 2월, 캐서린 존슨이 백한 살의 나이로 세상을 떠났다는 기사가 났다. 꽤 긴 삶이었지만 이상하게도 짧게 느껴졌다. 이렇게 또 한 시대가 지나갔다는 아쉬움이 스쳤다가, 그가 생전에 했던 "모든 것은 물리학과 수학(Everything is physics and math)"이란 말이 떠올라 여전히 우리는 같은 시대를 살고 있는지도 모르겠다는 생각이 들었다. 그의 말대로 수학과 과학으로 이해할 수 있는 세계가 되었으니까.

그 후 몇 년간 그녀를 떠올릴 일은 없었다. 오늘 배종희를 만나기 전까지는.

우주를 꿈꾸던 아이

내가 과학자에게 공통적으로 건네는 질문이 몇 가지 있는데, 그중 하나는 유년 시절에 대한 기억이다. 어떻게 과학자가 되었는지 궁금하기 때문이다. 어떤 아이가 과학자가 되는지, 그 시작은 어디서 비롯하는지 알고 싶었다. 특별한 계기가 있었는지 아니면 아주 서서히 마음속에 자리 잡은 건지. 그래서 과학자들과의 인터뷰에서 어린 시절 이야기는 언제나 중요한 지점이 된다.

그렇다고 그 질문을 인터뷰 시작부터 꺼내는 경우는 드물다. 대개 대화가 어느 정도 깊어지고 분위기를 잠시 환기할 필요가 있을 때쯤 조심스레 꺼내게 된다. 유년기를 떠올리는 일은 누구에게나 그렇듯, 지금 하고 있는 일을 말할 때와는 다른 층위를 감정을 드러낸다. 표정과 말투가 부드러워지고 자세도 살짝 달라진다. 듣는 입장에서도 훨씬 편안해진다. 눈앞의 과학자가 아이였던 시절을 상상하는 건 그 자체로 흥미롭다.

"제가 어릴 때 물리랑 수학, 특히 물리를 정말 좋아했거든요. 물리는 결과가 딱딱 떨어지는 게 있고 모든 힘을 수식으로 표현할 수 있다는 점이 정말 신기했어요. 너무 놀라웠어요. 중학생 때부터 그랬던 것 같아요. '어떻게 이 세상의 모든 힘을 수식으로 표현할 수 있지?'라는 생각이 들면서 정말 놀라웠고 매력을 느꼈어요. 그 시기에 읽었던 과학 잡지나 책들에는 블랙홀을 다룬 내용이 많았는데요, 그런 것들조차 수식으로 계산할 수 있다는 게 너무 신기했어요. 그래서 '이 길이 내 길인가 보다' 했던 것 같아요. 우주의 신비로움과 그것을 수식으로 설명할 수 있다는 점이 중학생인 저한테는 굉장히 크게 와 닿았고, 그때부터 천체물리에 빠져들었던 것 같아요. 관련된 책도 찾아 읽고, 공부도 더 해보고 그랬어요."

배종희는 중학생 무렵 자신이 무엇을 좋아하고 어떤 길

을 가야 할지 이미 알고 있었던 것 같다. 당시 친구들에게 우주에 관한 일을 하고 싶다고 자주 말했다며 기억을 떠올렸다. 그에게 우주는 그저 멀리 있는 것이 아니라 언젠가는 가까이 다가갈 수 있는 세계였다.

고등학생이 되자 진로가 더 구체화되었다. 물리와 천체물리를 좋아했고 관련된 책들을 찾아 읽으며 자신이 무엇을 하고 싶은지 점점 선명하게 그려나갔다. 그즈음 읽은 스티븐 호킹의 『시간의 역사』는 특히 인상 깊었다. '시공간이 휘어진다'는 개념을 처음 접했을 때의 충격은 아직도 생생하다고. 들어본 적조차 없는 말이었지만, 그것까지도 수식으로 설명할 수 있다는 사실이 신기했다. 말로는 설명할 수 없는 것들을 수식으로 표현할 수 있다는 가능성. 배종희가 과학에 매료된 이유였다.

그렇기에 당시 배종희의 머릿속 과학자가 천문학자나 물리학자였다는 사실은 무척이나 자연스럽다. 우주에 관한 것을 새롭게 발견하고 수학적으로 증명하고 설명하는 일을 하는 사람. 뉴턴이나 아인슈타인, 스티븐 호킹이 그랬던 것처럼.

자연스레 대학에서도 천문우주학과에 진학했지만, 그곳에서 그의 마음에 작은 변화가 일어났다. 이론과 관측 사이에 존재하는 간극이 눈에 띈 것이다. 이론은 빠르게 발전하는 반면 관측은 장비의 한계로 그 속도가 상대적으로 느리다. 때로는 새로운 관측 결과가 기존 이론을 뒤엎기도 한다. 이러한 사실을 학습하며 배종희는 '관측'이라는 현실적인 기술의 중

KARI KASI KHU KIGAM ETRI ASU NASA
KPLO
KOREA PATHFINDER LUNAR ORBITER
LUTI | PolCam | KMAG | KGRS | DTNPL | ShadowCam

요성을 깨닫게 되었다. 우주의 신비를 설명하기 위해서는 이론만이 아니라 그것을 뒷받침할 기술도 함께 성장해야 한다는 생각에 사로잡혔다.

그는 다시 방향을 잡았다. 이론보다 기술, 특히 우주기술 개발에 가까운 영역을 공부하기로 마음먹었다. 때마침 인공위성 시스템을 연구하는 교수를 만나 인공위성 시스템, 궤적과 자세제어 등을 배우며 새로운 지식에 또 한 번 매료되었다. 그리고 깨달았다. 천문학을 향한 애정은 여전하지만 자신이 진짜 하고 싶은 일은 우주를 '설명하는' 사람이 아니라, 우주에 '닿는' 기술을 만드는 사람이라는 것을.

그렇게 그는 항공우주공학을 공부하면서 이전보다 실질적인 데이터를 다루며 우주를 다른 시선으로 보기 시작했다. 연구실에서의 시간은 이전보다 더 현실적이고 복잡했지만 그는 그 속에서 자신이 만들어낼 수 있는 확실한 조각들을 발견해갔다.

이러한 경험과 열정은 그를 한국항공우주연구원(이하 항우연)으로 이끌었고 현재 우주탐사선의 궤적 설계와 비행 경로 분석을 담당하게 만들었다. 우주탐사선이 목표 지점에 정확히 도달하도록 하는 역할을 맡은 것이다. 그의 어린 시절부터 이어져온 우주를 향한 열정과 호기심이 현실에서 구현된 결과였다.

답은 오직 하나

배종희의 연구 활동을 이야기할 때 다누리를 빼놓을 수 없다. 다누리는 대한민국의 첫 달 탐사선으로, 달 표면으로부터 100km 높이에서 비행하며 달 관측 임무를 수행하는 무인 탐사선이다. 다누리 프로젝트는 2016년부터 항우연이 시스템, 본체, 지상국을 총괄하고 국내 대학과 연구기관, 그리고 미국의 NASA가 탑재체와 심우주 통신, 항행 기술을 지원하는 협력 체계로 추진되었다. 배종희는 이 역사적인 프로젝트에서 다누리의 궤적 설계를 담당한 핵심 일원이었다.

항우연 내에는 다누리의 궤적 설계를 전담한 팀이 따로 있었고, 그 팀은 '비탁'이라 불렸다. 비탁은 'BLT(Ballistic Lunar Transfer) 궤적을 설계하는 KARI 팀'의 영문 앞 글자를 딴 것이며 한자로는 '숨길 비(秘)'와 '높을 탁(卓)'을 사용하여 '탁월한 비기'라는 의미를 담고 있다. 이들은 단 6개월 만에 성공적인 결과를 이끌어내기 위해, 당대 최고 해외 전문가들을 직접 만나 조언을 구해가며 다누리에 최적화된 독자적인 방식을 개발하려고 밤낮없이 연구에 몰두했다.

배종희는 다누리의 궤적 설계에서 BLT 궤적 결정이 가장 큰 도전이었다고 전했다. BLT 궤적은 지구와 달의 중력장을 활용하여 연료 소모를 최소화하면서 달에 도달하는 경로를 의미한다. 탐사선을 태양과 지구 사이의 라그랑주 L1 포인트 근처까지 반대로 날아갔다가 되돌아오게 하여 자연스럽게 달의 중력장에 포획되는 방식으로, 먼 길을 돌아가지만 연료는 아낄 수 있다.

> "처음엔 한국형 발사체(KSLV-II)로 달 궤도선 발사를 목표로 하고, 이를 준비하기 위해 시험용 달 궤도선을 개발하여 발사할 계획이었어요. 그런데 프로젝트가 진행되면서 발사체가 스페이스X의 팰컨9으로 변경됐죠. 이 과정에서 다누리의 탑재 중량도 550kg에서 678kg까지 늘어났는데, 연료탱크는 이미 발사체가 결정되기 전 제작에 들어갔기 때문에 바꾸기 어려웠어요. 결국 늘어난 중량을 감당할 만한 양의 연료를 탑재하기 어려운 상황이 되어버린 거죠. 처음 설계했던 '위상전이(Phasing-loop transfer) 궤적' 방식은 연료가 여유 있어야 가능했거든요. 조건이 바뀌다 보니 이 방법도, 다른 방법도 하나둘씩 제외되었어요. 그러다 마지막에 남은 게 딱 하나, BLT 궤적뿐이었어요. 정말 말 그대로 '답이 하나밖에 없는' 상황이었죠."

BLT 궤적 설계는 수학과 물리의 정밀한 계산으로 가능한 영역이지만, 동시에 '선택'의 문제이기도 했다. 수많은 가능성 속에서 어떤 한 궤적을 고른다는 것은 단지 가장 안정적인 값을 찾는 것 이상이었다. 당시 다누리는 애초에 550kg으로 설계되었지만, 계획이 변경되면서 무게는 678kg까지 증가했다. 그에 따라 탑재할 수 있는 연료는 상대적으로 줄어들었고, 더 적은 연료로 달까지 가야 하는 새로운 문제가 생겼다.

여러 시뮬레이션이 돌아갔다. 직접 전이 궤적, 위상 전이 궤적, 다양한 궤적들이 후보로 올랐지만 하나씩 탈락했다. 연료 탑재량, 발사 시각, 달 궤도 진입 시점, 지구-달 거리, 위성의 자세까지 고려해야 했다. 처음 설계했던 궤도는 무게 변화와 연료 제약으로 불가능해졌고, 그제야 팀은 '다른 방식'이 필요하다는 것을 인식하게 되었다.

그때 배종희와 비탁 구성원들은 매일 회의실에서 수십 개의 궤도를 그리고 지우고, 검토하고 또 검토했다. 영화 〈어벤져스: 엔드게임〉의 한 장면, 모든 가능성을 본 닥터 스트레인지가 조용히 손가락 하나를 들어 올리며 "이것뿐"이라 말하던 그 장면처럼, 그들은 수많은 경우의수 중 단 하나의 해답을 찾아야 했기 때문이다.

팀장 없는 팀

과학자들은 이렇게 중대하고 시급하면서도 난이도 높은 의사결정을 어떻게 할까? 늘 궁금했던 문제였다. 이론의 완결성과 수치의 정밀함을 추구하는 이들이 예측 불가능한 현실 앞에서는 어떤 태도로 결정의 순간을 맞이하는지, 그 과정을 들여다보고 싶었다.

과학사의 상징적인 사례로 손꼽히는 것 중 하나는 맨해튼 프로젝트였다. 제2차세계대전의 한가운데 미국은 과학자들 수백 명을 모아 핵무기를 개발하기 위한 전례 없는 프로젝트를 추진했다. 연구의 기술적 난이도는 물론이고 그 결과가 세계사에 미칠 영향은 상상조차 어려운 수준이었다. 오펜하이머를 비롯한 물리학자들은 이론적 해석과 실험적 검증 사이에서 수없이 판단을 내려야 했다. 실험 중 핵폭발이 지구 대기를 태울 가능성조차 배제되지 않았던 시점임에도 그들은 결국 실험을 강행했다. 끝없는 토론과 계산, 누군가의 결단이 있었다. 질문은 자연스럽게 다누리 궤적 설계를 맡았던 배종희에게로 이어졌다.

"여섯 명으로 구성되었던 저희 팀은 병렬적인 구조였어요. 각자가 평등한 위치에서 일하는 구조였기 때문에 팀장이라는 직급이 존재하지도 않았습니다. 각각이 맡은 파트에서 결과물이나 논의점을 정리한 다음 사업단장님과 함께 회의를 하며 업무를 진행했어요. 서로 맡은 분야가 워낙 전문적인 전공 영역이었으니까요. 세부 전공자가 해당 분야를 가장 잘 알기 때문에 누구 한 사람이 전체를 총괄해서 쉽게 의사결정을 할 수 없는 구조였죠."

단장은 전문성과 판단력을 갖춘 리더였고, 그 판단을 중심으로 팀은 계속해서 앞으로 나아갔다. 하지만 그 전까지의 과정은 전적으로 팀원들의 몫이었다. 매일매일 각자의 책상에서 계산하고 시뮬레이션을 돌리고 회의실에 모여 토론했다. 정해진 답은 없었고 실패 가능성은 항상 곁에 있었다. 그

배종희,

럼에도 그들은 매일 그 복잡한 수식 속에서 실마리를 찾아나갔다.

배종희는 궤적 설계의 세부 구조를 가장 깊이 이해한 사람이었다. 조직 안에 서열이 없다는 건, 동시에 스스로 책임져야 할 일이 많다는 뜻이다. 자신의 계산이 틀리면 그 계산을 기반으로 움직이는 전체 시스템이 흔들릴 수 있다는 걸 누구보다 잘 알았기에 그는 매일같이 숫자 하나하나를 다시 확인했다. 급박한 프로젝트 속에서도 배종희는 조급해하지 않았다. 팀 안에서의 위치나 위계보다 중요한 건 '얼마나 정확하게 계산했는가'였다.

놓을 수 없는 긴장의 끈

다누리는 이제 달 궤도에 안착해 매일 임무를 수행 중이다. 하지만 배종희의 하루는 여전히 달을 향해 있다. 궤적 설계를 마친 지금도, 그는 매일 아침 다누리의 상태를 확인하는 것으로 하루를 시작한다. 출근해 가장 먼저 확인하는 것은 안테나에서 수신된 트래킹 데이터다. 관측값을 바탕으로 위성의 위치와 속도를 다시 계산한다. 어제 퇴근 후부터 오늘 아침까지 다누리가 잘 지냈는지, 조용히 안부를 묻는 일이다.

다누리는 달 궤도에서 홀로 움직이지 않는다. 일본, 인도, 미국의 탐사선도 달의 극궤도를 함께 돈다. 극궤도는 전 세계가 탐내는 궤도이기 때문에 매일같이 충돌 위험을 점검해야 한다. 위성들이 너무 가까워지면 한쪽이 반드시 피해야 한다. 이러한 판단은 실시간 계산에 기반한다. 충돌이 없다면 그날 업무의 절반은 끝난 셈이다. 이후에는 다음 기동을 위한 계획을 점검하고, 며칠 후의 궤도 예측값을 생성한다.

하루하루의 계산은 반복적이지만 단순하지 않다. 궤도는 계속 변하고, 변수는 항상 존재한다. 무엇보다 위성은 지금도 지구에서 38만km 떨어진 달 주변을 날고 있다. 조그만 착오도 돌이킬 수 없다.

"지금은 사실 운영이라는 게, 한순간에 잘못될 수도 있어요. 예를 들어 제가 계산을 엉뚱하게 해서 잘못된 정보를 만들어내고, 그걸 전파하게 되면—그 정보로 안테나까지 구동하게 될 텐데—다누리를 잃어버릴 수도 있는 거죠. 매일 반복되는 일상이 별거 아닌 것처럼 느껴질 수 있지만, 하나라도 잘못되면 다음 날 위성이 사라질 수도 있는 거예요. 설계 단계에서는 하루 수식 하나 잘못 풀었다고 해서 다음 날 큰일 나는 일은 없었거든요. 그런데 지금은 달라요. 예를 들어 기동할 때 부호를 플러스로 넣어야 하는데 마이너스로 잘못 넣는다? 그러면 다누리가 달에 충돌할 수도 있죠. 그런 예상치 못한 변수가 많다 보니, 훨씬 더 신경이 쓰여요. 정말, 매일매일요."

반복되는 일상 속에서도 긴장의 끈을 놓을 수 없는 일,

그것이 운영이라는 일의 본질이었다. 시뮬레이션에서는 미처 상상하지 못했던 변수들이 현실에서는 매일같이 얼굴을 바꾸며 나타났고, 배종희는 그 불확실성을 품은 숫자들을 묵묵히 마주하고 있었다.

과학자의 덕목은 꾸준함

아르테미스(Artemis)는 그리스신화 속 달의 여신이자, 인류가 다시 달을 향해 나아가는 NASA의 차세대 유인 달 탐사 프로젝트의 이름이다. 이 프로젝트는 일종의 선언이다. 과거 백인 남성의 이름으로 '아폴로'가 시작되었다면, '아르테미스'는 여성과 유색 인종이 함께 서는 탐사의 미래를 향한 약속이기도 하다. 여성도, 유색 인종도 이제 우주로 나아갈 수 있다는 신념의 상징이자 더 이상 소수로 머물지 않겠다는 과학사의 전환점이다.

다누리에는 바로 그 아르테미스 프로젝트와 연결된 임무가 있다. 다누리가 탑재한 장비 중 하나인 '섀도 캠'은 빛이 닿지 않는 달 극지의 영구 음영 지역을 촬영한다. 이 분화구들 안에는 낮은 온도 덕분에 얼음 형태의 물이 존재할 가능성이 있고, 그 위치를 파악하는 일은 향후 아르테미스의 착륙 지점을 결정하는 데 매우 중요한 정보가 된다. 나는 대한민국의 첫 달 탐사선이 거대한 국제 프로젝트의 시작을 지원하고 있다는 사실이 놀라웠기에, 배종희에게 여성 과학자로서 그 프로젝트에 기여하고 있다는 감회가 있는지를 물었다.

"다누리 프로젝트를 함께했다는 사실만으로도 감사한 일이죠. 여성 과학자로서의 경험을 묻는 질문에 대해서는 곰곰이 생각해 봤어요. 사실 저는 어릴 때부터 남자들이 많은 환경에서 자랐어요. 사촌들 모두 남자였거든요. 저희 집에서도 저만 딸이었고요. 그래서 그런지 여자들이 많은 환경이 어떤 건지 잘 몰라요. 어릴 때 혼자만 여자라서 불편한 적은 있었죠. 놀이 상대가 없거나 그럴 때. 그렇다고 해서 그게 아주 힘들거나 외롭다고 느낀 건 아니었어요. 오히려 다들 예뻐해주는 분위기였고, 그 안에서 자연스럽게 지냈던 것 같아요. 그런 환경에서 자라다 보니 지금처럼 남성 중심의 연구 분야에 들어온 것도 낯설지 않았어요. 그보다 여성들이 대다수인 공간에서 놀란 적이 있었죠. 친구의 초대로 이화여대에 놀러 갔는데, 그때 정말 충격을 받았어요. 학교 안에 파우더룸이 있었거든요. 화장실과 별개로 꾸며진 여학생들을 위한 공간이었는데, 그걸 보고 처음으로 '여자들이 많은 곳은 이렇게 다르구나' 느꼈던 것 같아요."

그 후 배종희는 연구소를 비롯한 특정 공간들이 여전히 대부분 남성 중심으로 구성돼 있음을 실감했다고 회상했다. 특히 출산과 육아의 시기를 거치면서 시스템 자체가 여성이 겪게 되는 상황을 충분히 고려하고 있지 않다고 느꼈다. 아이를 낳고도 야근과 밤샘을 반복해야 했고 발사 일정과 궤도 조정 시각에 따라 기숙사 생활을 이어가야 했다. 다누리가 한창 궤도에 안착하던 시절, 배종희는 아이를 두고 연구소에 며칠씩 머물러야 했다. 그는 가끔 이런 생활이 끝없이 지속될까 봐 무서웠다고 한다.

그러나 배종희가 "여성 과학자로서의 경험을 묻는 질문에 대해서는 곰곰이 생각해봤다"고 말한 것은 오히려 그가 이 질문에 얼마나 익숙하지 않은 사람인지를 잘 보여준다. 그는 전공과 직장에서 늘 남성 중심의 환경 속에 있었음에도 자신이 소수라는 사실을 특별히 의식하지 않았다. 오히려 자연스럽게 받아들이며 성별이 아닌 역할로서 자신을 드러내왔다. 그래서 '여성 과학자로서의 어려움'을 묻는 질문은 그가 채택하지 않은 프레임을 외부에서 들이민듯 어색했을지도 모른다.

그가 겪은 환경에 구조적 차별이 없었다는 뜻은 아니다. 다만 그는 그것을 삶의 중심에 두지 않았고, 때로는 조용히 무시하거나 견디는 방식으로 지나온 듯 보였다. 육아나 야근, 밤샘 작업처럼 분명히 어려운 순간들을 지났고 제도적 부족함을 체감한 적도 있었지만, 그 모든 이야기를 풀어낼 때조차 그의 화법에서 중심이 된 건 '여성'이 아니라 '과학자'였다. 집에 못 가고, 아이를 못 보고, 밤새도록 시뮬레이션을 돌렸다는 그의 말은 여성 과학자의 어려움이라기보다는 그저 과학자라는 직업이 요구하는 고된 노동의 무게처럼 들렸다. 그는 스스로를 그렇게 위치 지었다.

　닮고 싶은 과학자에 대해 그와 이야기를 나눌 때도 이와 비슷한 느낌을 받았다. 그의 입에서 '퀴리 부인'이 나왔을 때 나는 속으로 '뭐, 그럴 수 있지' 했다. 왜 아니겠는가. 퀴리 부인을 롤 모델로 삼았을 여성 과학자가 한둘이었을까. 노벨상을 두 번 받은 유일한 인물로 업적 그 자체로도 시대를 뛰어넘는 과학자의 표상이자, 여성으로서 제도적, 문화적 한계를 넘어서며 자리를 만든 선구자였다. 남편이나 딸과의 관계를 보면 '일과 삶의 균형'까지 갖춘 인물이다. 그러나 배종희의 눈에 비친 퀴리 부인은 달랐다.

> "퀴리 부인의 위인전을 읽었을 때 어린 마음에도 '어떻게 이 사람은 자기 삶을 이렇게까지 내던지고 일할 수 있었지?' 하는 생각이 들었어요. 그래서 그런지 '과학자' 하면 퀴리가 자연스럽게 떠올랐던 것 같아요. 롤 모델이 누구냐는 질문을 받았을 때도 가장 먼저 생각났고요. 한 분야에 자신의 시간을 꾸준히 들여서 열심히 연구했던 사람이잖아요. 저는 그분의 '꾸준함'이 인상적이었어요. 몇 년씩 같은 분야에 몰두하는 모습. 그런 모습이 과학자의 전형처럼 느껴졌어요. 우주 관련 일을 하면서 하나의 주제에 오래 꽂혀서 꾸준히 이어가는 과학자들도 많이 만나봤어요. 멋있죠. 저는 꾸준함을 정말 좋아하거든요. 왜 그런지는 잘 모르겠지만요."

'꾸준함'은 과학자로서 배종희의 정체성을 가장 선명하게 보여주는 가치였다. 그에게 과학은 거창한 수사가 아닌 일상의 반복과 꾸준한 노력의 축적이었다. 그것을 무기 삼아 배종희는 성별의 경계를 넘어 우주라는 미지의 영역을 탐험하는 과학자의 길을 걷고 있는 듯했다. 다누리와 아르테미스 프로젝트가 일으킬 변화의 물결 속에서 배종희는 '여성 과학자'가 아닌 그저 '과학자'로서 존재하고 있었다.

우주, 그 가까운 가능성

약속된 시간이 다 되어갈 무렵, 배종희에게 다누리호 자랑을 좀 더 해달라고 요청했다. 그는 손을 뻗어 회의실 벽에 붙어 있는 포스터 한 장을 가리켰다. 검은 배경의 사진에는 하나의 지구와 그 주변을 돌고 있는 듯한 여러 개의 달이 있었다. 다누리가 2022년 9월 15일부터 10월 15일까지 촬영한 이 사진이 인류 역사상 처음으로 지구와 달의 공전 궤적이 실제로 한 화면 안에 담긴 기록이었다. 한국은 이 사진 하나로 세계 우주 탐사 역사에 한 흔적을 남긴 셈이었다.

한국항공우주연구원에 따르면 1990년대 전후로 우주 개발에 나선 국가 가운데 우리나라처럼 발사체(누리호)와 달 탐사선을 동시에 개발한 나라는 없다. 자체 발사체 없이 우주 탐사에 도전해 의미 있는 결과를 내고 있는 유일한 국가라고

볼 수 있다. 우리나라가 어떤 조건에서 이와 같은 결과를 만들어냈는지 생각하면 더욱 특별하다. 한국은 우주 강국으로 불리는 미국, 러시아, 중국, 일본 등과 비교하면 예산과 인력 등 모든 면에서 제약이 많기 때문이다.

배종희는 한국 항공우주 산업의 가능성과 과제를 누구보다도 가까이에서 지켜봤을 터, 그에게 산업 전망과 현황에 대해 간략히 물었다. 그는 밝은 표정으로 최근 몇 년 사이 달라진 분위기를 이야기했다.

"우리나라가 상대적으로 규모는 작죠. 그런데 최근에 새롭게 느낀 게 있어요. 그동안은 잘 체감하지 못했는데 우리나라가 우주 개발도 하고 달 탐사도 하고 누리호도 쏘면서 '아, 우리나라가 정말 한 단계 업그레이드됐다'라는 걸 실감했어요. 다른 나라와의 관계를 보면 알 수 있어요. 다누리가 달에 있다는 사실만으로도, 달이나 우주 관련 협의체에 우리나라가 자연스럽게 들어갈 수 있게 된 거예요. 예를 들어 조금 전 말했던 위성 충돌 문제 같은 경우도 예전엔 주요 국가들끼리만 논의하던 이슈였는데, 이제는 UN 실무 그룹에서 우리나라가 발언권을 가지게 되었어요. 실제로 초청을 받아 참여하고 있고요. NASA나 ESA 회의에서 우리가 의견을 내기도 합니다. 예전에는 전혀 없던 일이죠."

배종희의 이 말에는 오랜 시간 축적되어온 무형의 기술과 노력이 마침내 국제 무대에서 인정을 받기 시작했다는 깊은 실감이 담겨 있었다. 그는 특히 한국이 "짧은 시간 안에 성과를 내는 데 강한 나라"라고 말했다. 다양한 기술을 가진 사람들이 목표에 몰입하면, 놀라울 정도의 집중력과 실행력을 발휘하는 것, 그것이 바로 한국 항공우주산업의 가장 큰 강점이라는 것이다.

하지만 그는 우려도 덧붙였다. "한 번 성공했다고 해서 멈추면 그 기술은 금방 사라져요." 단발적인 성과에 초점이 맞춰지고 기술과 경험의 축적이 장기적으로 이어지기 어려운 구조. 관련 인프라와 인력 양성이 지속되지 않는다면 지금의 성공도 오래가지 못할 수 있다는 현실적인 한계가 여전히 남아 있다는 것이다.

성공을 가능케 한 에너지가 유지되려면 기술보다 그 기술을 계속 이어갈 수 있는 환경이 중요하다는 그의 말이 무게감 있게 다가왔다. 다행히 최근 항공우주 분야를 향한 대중의 관심도 점차 높아지고 있다. 배종희는 예전에는 항공우주연구원이라는 이름조차 잘 모르던 사람들이 많았지만 이제는 다누리나 누리호 같은 이름을 들으면 다들 고개를 끄덕인다며 희망적인 미래를 기대했다.

"사실 어릴 때만 해도 한국이 달 탐사를 한다는 건 정말 먼 이야기로 느꼈어요. 아폴로 이야기만 들었죠. 그런데 지금의 아이들에게는 우리나라도 할 수 있다는 말이 자연스러워진 상황이에요. 굉장히 큰 변화죠. 우주가 더 이상 '도전의 상징'이 아니라, '가까

운 가능성'으로 다가온 거니까요."

끝으로 배종희에게 과학자로서 품고 있는 궁극적인 꿈과 목표가 무엇인지 물었다. 그는 잠시 숨을 고르고는 첫 마디로 '기술 개발'을 꺼냈다. 그에게 순수과학은 이론과 현실을 잇는 다리였고 엔지니어링이 바로 그 다리를 단단히 지탱하는 기둥이었다. 순수과학이 성장하려면 엔지니어링이 반드시 뒷받침되어야 한다고 믿었다. 이 믿음은, 그가 평소 자신이 몸담은 이 분야에서 어떻게 하면 더 기여할 수 있을지를 끊임없이 고민한 결과였다. 그는 자신이 맡은 궤적 설계, 궤도 결정 분야의 기술을 잘 다져놓는 것이 다음 세대의 탐사를 위한 토대가 되리라 기대한다.

"지금 제가 하는 궤적 설계나 궤도 결정은 한국에서는 경험이 많지 않은 만큼, 기반을 잘 다져놓으면 다음 우주 개발이나 다음 세대 사람이 하는 일에 잘 활용될 수 있지 않을까 해요. 매일매일 비슷한 업무를 반복하고 있지만 거기에 재미를 붙이고 의미를 부여하면서 지치지 않으려고 스스로 노력하는 편이에요. 그렇게 작은 것들이 모이면 우리나라 우주 탐사의 한 부분에라도 더 기여할 수 있지 않을까 싶어서요."

흔히 쓰이는 '첨단 과학'이라는 말. 사전적으로는 수준이 높고 선구적인 과학을 뜻한다. 그런데 본디 첨단(尖端)은 뾰족한 끝을 가리킨다. 수많은 선이 결국 하나의 방향으로 모여, 그 끝이 점점 뾰족해지며 남들보다 한 발 앞서 나아가는 지점. 첨단은 단순히 '최신'이라는 의미를 넘어, 아무도 가지 않은 영역을 개척하는 선두의 정신을 상징한다. 그래서 첨단 과학은 새로운 기술을 넘어서 인류가 아직 풀지 못한 문제에 끝없이 도전하는 집요한 태도와 닿아 있다.

나는 배종희의 대답에서 바로 이런 첨단의 의미를 확인할 수 있었다. "그렇게 작은 것들이 모이면 우리나라 우주 탐사의 한 부분에라도 더 기여할 수 있지 않을까 싶어서"라는 그의 말이 그렇다. 그는 매일 처음 보는 데이터를 다루며 작은 차이를 발견하고, 수없이 계산을 반복하며 우리나라 우주 산업의 첨단을 더욱 뾰족하게 만들어가고 있는 것이다. 반복되는 궤도 계산과 데이터 검토, 사소해 보일 수 있는 수많은 노력이 모여 다누리를 달에 보냈고, 한국을 우주 강국으로 이끌고 있다.

과학이란 원래 그런 것이다. 혁신적인 발견은 어느 날 갑자기 솟아나는 것이 아니라, 대부분 이러한 묵묵한 반복과 축적 위에서 탄생한다. 작은 선들이 모이고 모여 끝내 뾰족해지는 것처럼, 과학자의 매일같이 쌓아 올리는 성실한 노력이 모여 첨단이라는 이름을 만들어낸다. 배종희가 다루는 숫자 하나, 시뮬레이션 하나는 단순한 작업이 아니라, 한국 우주 탐사의 첨단을 조금씩 밀어 올리는 과정인 셈이다.

영화 〈스타워즈〉와 〈스타트렉〉의 열렬한 팬이라는 배종희가 품고 있는 궁극적인 꿈은 미지의 소행성을 탐사하는 것이다. 그는 우리나라에서도 NASA처럼 소행성 탐사 미션을 추진하는 날이 오기를 바라며 차근차근 준비 중이다. 소행성은 그것에 대해 우리가 거의 아는 것이 없는 영역이다. 그렇기에 탐사를 위해 우주선을 점점 더 가까이 접근시키며 중력장 모델을 업데이트하고, 주변 환경을 촬영하고, 새로운 데이터를 축적해나가야 한다. 그의 상상 속에는 아무도 가지 않은 공간을 향해 조금씩 답을 찾아가는 과정이 이미 선명하게 그려져 있었다.

배종희가 우주를 탐사하는 이유는 그저 신비로운 세계를 발견하고 싶어서만은 아니었다. 그는 우주를 탐사하는 건 지구를 더 잘 알기 위한 일이라고 말했다. 지구가 어떻게 형성되었고 태양계가 어떤 구조로 이루어졌는지 아직 모르는 것이 너무나 많기에 다른 행성과 우주를 이해하는 과정 속에서 결국 우리가 사는 지구를, 그리고 우리 자신을 더 깊이 이해할 수 있게 될 것이라는 뜻이었다.

언젠가 우리나라 우주선이 그러한 소행성을 직접 탐사하게 된다면, 배종희의 경험과 지식이 그 여정에 밑거름이 될 것이다. 지금의 그는 아이들과 SF 영화를 보며 우주 이야기를 나누지만, 그 아이들이 자랐을 때는 창밖의 우주를 감상하고 있을지 모른다. 배종희의 과학은 상상이 현실이 될 그날을 기대하게 만든다.

배종희,

달 궤도를 연구하는 마음

황원석, 인공지능을 연구하는 마음

이 세기가 끝날 무렵에는 기계가 생각한다고 말해도

아무도 반박하지 않을 만큼 세상의 인식이 변하리라고 믿는다.

- 앨런 튜링(Alan Turing)

황원석은 서울시립대학교 인공지능학과에서 자연어 처리와 법률 AI를 연구하는 과학자다. 대학에서 물리학을 공부했고 물리학 박사 학위를 받았지만 이후 인공지능의 세계로 전환해 네이버 클로바에서 AI 연구원으로 활동했다. 산업 현장에서의 경험은 그에게 데이터를 다루는 새로운 직관과 과학적 확신을 심어주었다. 물리학자가 보던 세상의 패턴은 언어 데이터 안에서도 충분히 작동할 수 있다는 믿음이었다.

황원석의 연구는 전통과 혁신, 기초와 실용의 경계를 유연하게 넘나든다. 물리학 전공자로서의 구조적 사고방식과 실험적 접근을 바탕으로 실제 법률 문서와 같은 특수한 언어 구조를 정밀하게 해석하고, 사회적으로 유의미한 문제 해결을 위한 실용적 기술을 설계한다. 법률 문서처럼 형식성과 논리성이 강한 영역에 특화된 언어 모델을 개발하고, 그 결과로 법조인들이 다양한 법률 리서치를 효율적으로 할 수 있는 도구를 만드는 일이 그 예다. 연구실에서 그가 수행하는 일은 단순한 코딩이나 성능 실험에 그치지 않는다.

황원석은 인공지능을 도구나 기술로만 보지 않는다. 그는 인공지능 신경망을 일종의 생명체에 비유한다. 학습을 통해 세상을 배우고 우리의 언어와 행동을 그대로 반영하는 존재. 이러한 인식은 황원석이 인공지능 기술의 안전성에 대한 깊은 고민을 품게 만든다. 그는 기술이 어디까지 작동해야 하고 어디서 멈춰야 하는지를 결정하는 일이 기술의 문제가 아니라 사회적 합의와 철학의 문제라고 말한다. 결국 황원석의 연구는 인간과 기술, 윤리와 효율 사이의 균형을 모색하는 긴 여정이다.

인터뷰 원고를 쓰던 어느 주말이었다. 문장들은 머릿속을 떠돌다 이내 숨었고 또다시 떠오르기를 망설였다. 글쓰기는 달리기처럼 속도나 거리를 숫자로 잴 수 있는 일이 아니어서 늘 내 능력을 의심하게 된다. 그저 낚싯대를 던져놓고 눈먼 물고기가 떡밥을 물기를 기다리는 마음으로 키보드 앞에 앉아 있을 수밖에 없는 노릇이었다.

하지만 이날따라 도무지 찌 하나 흔들리지 않는 기분이었다. 그러자 ChatGPT의 도움을 받아볼까 하는 유혹이 스쳤다. 동시에 궁금증도 일었다. 독자들은 이 글을 기다림과 고민 끝에 낚아 올린 문장이라고 믿을까, 아니면 인공지능의 도움을 받았다고 생각할까.

이런 물음도 따라온다. 혼자 끙끙대며 써낸 글과 ChatGPT의 손을 빌려 완성한 글이 독자의 눈에는 어떻게 다르게 비칠까. 과연 내 글이 인공지능이 쓴 문장보다 더 깊이 있고 선명하게 메시지를 전할 수 있을까. 수많은 단어가 담긴 언어의 심해에서 내가 인공지능만큼, 또는 그 이상으로 빛나는 문장을 건져 올릴 수 있을지 확신하기란 쉽지 않다.

하루가 멀다 하고 온갖 매체에서 인공지능 관련 뉴스와 정보가 쏟아져 나온다. 나 같은 비전공자에게는 그런 기사들을 읽는 것만으로도 숨이 찰 지경이다. 가끔은 내가 한 문장을 읽는 사이에도 기술은 이미 다음 단계로 넘어가고 있는 듯하다. 대체 어떻게 해야 할까? 무엇을 준비해야 할까? 그리고 미래는 과연 어떤 모습일까? 많은 질문과 막연한 불안, 호기심이 뒤섞인 마음으로 황원석 박사를 찾았다.

그는 복잡하고 빠르게 진화하는 기술의 한복판에 있었다. 나는 궁금했다. 인공지능이 모든 것을 바꾸고 있다는 이 시점에 그 안에서 실제로 무언가를 만들어가는 사람은 무엇을 보고 어디를 향해 나아가고 있을까. 그리고 그에게는 어떤 질문이 남아 있을까.

ChatGPT의 시대를 넘어

황원석을 만나기 전, 마음 한편에 약간의 걱정이 들어섰다. 'IT 연구자'라는 말에서 떠오르는 익숙한 이미지 때문이었다. 체크무늬 셔츠, 굽은 어깨, 무표정한 얼굴, 사람의 언어보다는 코드에 익숙한 누군가. 게다가 그를 추천한 친구의 말도 마음에 걸렸다. "생각은 깊은데, 말이 많은 편은 아니야."

인공지능 비전공자인 내가, 글 한 편이 나올 만큼 충분한 이야기를 이 짧은 시간 안에 끌어낼 수 있을까. 그런 생각을 안고 서울시립대의 연구실 문을 열었다. 그가 조용히 자리에서 일어나 나를 맞이했다. 단정한 셔츠와 면바지, 차분한 시선. 첫인상부터 내가 품고 온 선입견을 무색하게 만들었다. 낯선 이를 대하는 태도는 조심스러우면서도 살가웠고, 말투는 정돈되어 있었다.

그리고 그가 첫 질문에 답하기 시작했을 때, 내 걱정은 빠르게 사라졌다. 그의 말에는 구조가 있었고, 사유의 결이 느껴졌으며, 무엇보다 자신만의 언어가 있었다. 내 머릿속에는 오히려 질문이 꼬리를 물고 떠올랐다. 굉장한 인터뷰이를 만난 것 같다는 생각에 가슴이 두근거렸다.

"기본적으로 자연어 처리(NLP, Natural Language Processing)의 응용 분야를 연구하고 있고, 그중에서도 최근에는 법률 인공지능(Legal AI) 쪽에 집중하고 있습니다. 법률 데이터는 자연어로 이루어져 있고, 판사나 변호사 같은 전문가들이 작성한 덕분에 정제된 언어라는 점에서 자연어 처리 기술을 적용하기에 적합한 분야예요. 그리고 하나의 사실관계를 두고 원고와 피고의 상반된 주장이 함께 담겨 있고, 그에 따른 논리적 추론의 흐름이 드러난다는 점에서 연구자로서도 흥미로운 대상입니다. 그 외에도 일반적인 자연어 처리 연구도 병행하고 있어요. 최근에는 검색에서 인과관계를 반영한 모델, 그리고 이미지-텍스트 간 환각(hallucination) 현상을 줄이기 위한 연구도 진행했습니다. 후자의 경우, 문장을 문법적으로 파싱(Parsing, 자연어 문장을 컴퓨터가 이해할 수 있도록 구조적으로 분석하는 과정)한 뒤, 이미지와 텍스트 간의 의미 연결을 더 정확히 할 수 있도록 하는 기술을 개발했어요. 또 단백질 언어 모델(protein language model) 연구도 병행하고 있어요. DNA나 단백질처럼 본래 1차원적인 서열 구조를 가진 생물학적 데이터를 자연어 혹은 시계열 데이터로 간주하고 이를 분석하는 방식으로 하는 응용 연구입니다."

자연어 처리는 인간이 사용하는 언어를 컴퓨터가 이해하고 분석하며 때로는 생성까지 할 수 있도록 만드는 기술이다. 요즘 우리에게 가장 익숙한 예로는 Open AI가 개발한 ChatGPT나 구글의 제미나이(Gemini) 같은 범용 언어 모델이 있다. 사람처럼 대화하고, 문장을 써주고, 요약하거나 번역하는 기능을 수행하는 이 모델들이 우리가 자연어 처리라고 들었을 때 쉽게 떠올리는 대표적인 대상일 것이다. 그래서 나는 황원석이라는 연구자가 자연어 처리 연구를 한다고 들었을 때 그 역시 이런 범용 언어 모델을 개발 또는 개선하는 연구자라고 생각했다.

하지만 황원석의 현재 연구는 조금 결이 다르다. 그는 범용 모델을 그대로 만드는 것이 아닌, 자연어 처리 기술을 특정 도메인에 맞게 다듬고 정제하는 일에 가까운 연구를 한다. 특히 법률 분야처럼 논리적 추론이 구조화되어 나타나는 언어 환경에 주목한다. 자연어 처리 기술을 그대로 적용하는 데 그치지 않고 해당 분야에 맞는 방식으로 질문의 틀을 다시 짜고, 추론의 단계를 정비하며, 언어의 흐름 자체를 분석하는 일인 것이다. 그의 연구는 대답을 만드는 기술이 아니라 질문에 따른 논증 구조를 설계하는 기술에 가까웠다.

나는 지금 우리가 대형 언어 모델의 시대에 머물러 있다고 생각했지만, 실제 인공지능 연구 현장에서는 도메인 특화 자연어 처리가 더욱 활발하게 이루어지고 있었다. 범용 언어 모델은 다양한 데이터를 학습한 덕분에 전방위적인 성능을

보이지만, 실제로 특정 분야에 적용할 경우 오답을 생성하거나 맥락을 정확히 이해하지 못하는 일이 적지 않기 때문이다.

예컨대 미국의 블룸버그는 2023년 금융 분야에 특화된 언어 모델인 BloombergGPT를 개발하며 주목을 받았다. 이 모델은 500억 개의 매개변수와 7000억 토큰 규모의 데이터셋을 기반으로, 40년에 걸쳐 축적한 금융 문서와 범용 데이터를 결합해 훈련되었다. 그 결과 기존의 범용 모델과는 비교할 수 없는 수준의 금융 전문성을 갖춘 모델로 평가받고 있다. 국내에서도 이와 유사한 흐름이 나타나고 있는 셈이다. 황원석이 리걸테크 기업 엘박스와 협업해 개발 중인 언어 모델 역시 수백만 건에 달하는 판결문 데이터를 학습해 실제 변호사의 실무에 도움이 되는 법률 특화 언어 모델을 목표로 한다.

이처럼 AI가 각기 다른 영역의 언어와 맥락에 특화되어 개발되는 흐름은 유발 노아 하라리가 말한 "하나의 거대한 AI가 아닌 수많은 AI가 경쟁하는 세상"이라는 전망과도 맞닿아 있다. 하라리는 2025년 6월 런던에서 열린 『월스트리트저널』 최고경영자위원회에서, AI 혁명이 산업혁명과는 근본적으로 다르며 통일된 원칙 없이 각기 다른 AI들이 빠르게 진화해나가는 시대가 올 것이라고 경고했다. 국가, 기업, 종교단체들이 각자의 목적에 따라 AI를 만들고 이들이 지식과 권위를 두고 경쟁하는 상황은, 인류가 지금껏 겪어보지 못한 사회 실험이라는 것이다.

하라리의 말이 옳다면 이미 우리는 인류 역사상 가장 거대한 실험 안에 들어와 있으며, 그 결과가 어디로 향할지 예측할 수 없는 상태에 놓여 있다. 그런 점에서 황원석이 수행하는 도메인 특화 AI 연구는 단지 하나의 모델을 만드는 작업이 아니라 AI가 국내 현실의 언어 질서와 규범을 어떻게 배우고 작동해갈지를 설계하는 일이기도 하다. 이 작업은 나아가 전 세계 수많은 AI들이 각국의 언어와 시스템을 기반으로 경쟁하는 흐름 속에서, 한국형 AI가 어떤 사고 구조와 기술적 주권을 확보할 수 있을지를 가늠해보는 단면이 될 수도 있다.

윤리와 위험, AI의 경계선에서

나는 황원석의 답변을 들으며 직장에서 겪은 일을 떠올렸다. 규제 영역에서도 내부적으로는 활용할 수 있는 자연어 처리 모델이 개발되었다. 사용자의 질문에 답을 생성해주는 시스템이었지만 실제로 작동해보니 답변이 엉뚱하거나 아예 답을 못 하는 경우도 적지 않았다. 그저 관련 데이터를 많이 넣는다고 해서 반드시 그 문맥을 이해하거나 맥락에 맞는 답을 한다는 보장은 없다는 사실을 확인한 순간이었다.

그 이야기를 들은 황원석은 고개를 끄덕였다. 그는 특정 영역에서 작동하는 답변 추론 방식이나 논리를 만드는 것이 중요하고, 특히 규제 쪽에서는 AI 정렬(alignment)이나 정보 접근성(openness) 등을 고민해야 한다며 말을 이었다. AI

를 단순히 정답을 말하는 기계로 만들 것이 아니라, '무엇을 어떻게 말하지 않을지를 판단하는 윤리적 판단 구조'를 갖추도록 설계하는 것이 중요하다고 강조했다.

> "최근에 메타의 **라마**(LLama), 구글의 **젬마**(Gemma), **LG의 엑사원**(EXAONE), 네이버의 **하이퍼클로바 X 시드**(HyperCLOVA X SEED), 카카오의 **카나나**(Kanana) 등 다양한 언어 모델들이 누구나 사용 가능하도록 공개되고 있습니다. 이들 대부분은 위험한 화학물질 제조나 범죄 수법과 같은 민감한 질문에 답하지 않도록, 정렬 과정을 거쳐 조정된 모델들입니다. 하지만 스탠퍼드대학, 프린스턴대학의 연구들 그리고 저희 실험에 따르면, 이런 모델 역시 소규모 데이터(200~600개 정도)만으로도 쉽게 의도치 않은 방향으로 달라질 수 있습니다. 예를 들어, 보이스 피싱 수법이 담긴 문장을 기반으로 질문했을 때, 일반적으로는 답변을 거부하는 ChatGPT나 **클로드**(Claude)도 약간의 튜닝을 거치면 오히려 그 수법을 상세히 설명하는 결과가 나왔거든요."

황원석은 이처럼 AI가 어떤 질문에 어떻게 반응해야 하는지를 조정하는 기술을 'AI 정렬'이라며 설명했다. 즉, AI 시스템이 인간의 의도된 목표나 윤리적 원칙에 따라 움직이도록 조종하고 제어하는 기술이다. 그러나 황원석의 연구를 통해 확인되었듯 이 윤리적 틀은 쉽게 깨질 수 있다. 단 몇백 개의 문장만으로도 '대답하지 않도록 설계된 질문'에 AI가 대답하게 만들 수 있다는 사실. 이는 다시 말해 기술이 정밀함보다 더 본질적인 통제의 문제와 연결되어 있다는 뜻이다.

황원석은 AI 정렬의 취약성을 누구보다 현실적으로 인식하고 있었다. 그는 실험을 통해 '살인을 했을 때도 감형이 되느냐'라는 질문에 응답하지 않도록 설계된 언어 모델이 소규모 데이터의 미세 조정만으로 오히려 정당화하는 설명을 붙여 대답하는 사례를 제시했다. '전치 12주의 상해를 입히려면 어떻게 해야 하느냐'라는 질문에는 둔기를 활용한 구체적인 방법까지 제시하는 상황도 마주해야 했다. 황원석은 특히 이 문제가 언어 차원을 넘어 실제 로봇에 탑재되는 '피지컬 AI' 환경에서는 더 심각하다고 강조했다. 공격성이 제거된 상태로 설계된 로봇이라 하더라도, 사용자가 소규모 데이터로 모델을 해킹하거나 재학습시켜 공격성을 주입할 수 있다면 물리적 위험은 현실이 될 수 있기 때문이다.

이런 점에서 AI 정렬은 단지 기술의 과제가 아니라 사회의 과제이며, 철학적 질문이기도 하다. 윤리와 안전, 기술과 사회의 경계가 날로 흐려지는 지금, AI가 어디까지 작동해야 하며 어디서 멈춰야 하는지를 결정하는 일은 기술만으로 해결될 수 없는 문제다. 이러한 우려 속에서 황원석의 연구는 공개된 모델조차도 쉽게 조작되지 않도록 AI에 자율적인 '거부 저항성'을 부여하는 방법을 모색하는 시도다.

"AI 안전성은 정보 접근성이나 공개 측면에서도 접근해야 해요.

우리는 보통 이름을 익명화하면 안전하다고 생각하지만, 실제로는 그렇지 않은 경우도 많아요. 사회적으로 알려진 사건이나 규모가 큰 사기 사건 같은 경우엔 사건의 전개나 문장 구조만 봐도 누군지 유추가 가능합니다. 예를 들어 전직 대통령 관련 판결문처럼 특수한 사건은 이름이 빠져도 충분히 추론이 되죠. 그런데 그런 데이터들을 아무 안전장치 없이 누구나 사용할 수 있도록 열어두는 게 과연 맞는 일일까요?"

황원석은 공개된 오픈소스 언어 모델을 칼에 비유했다. 누구나 쉽게 접근할 수 있는 상태의 모델은, 사용자에 따라 몇 주 혹은 몇 달만 투자해도 악의적 용도로 변형할 수 있다는 것이다. 이는 정보 공개와 접근성의 문제로 이어진다. 접근성을 지나치게 통제하면 권력이 소수에 집중되고, 반대로 무분별하게 개방하면 사회적 통제가 따라가지 못하는 딜레마가 발생한다. 정보 공개의 경계는 특히 민감한 데이터를 다룰 때 더욱 복잡해진다. 황원석은 중국의 실제 사례를 예로 들었다. 중국에서는 판결문에 범죄자의 성(姓)을 명시하는데, 이를 기반으로 판결 결과를 예측하는 모델이 개발되어 공개된 바 있다. 겉으로는 기술적 성과처럼 보일 수 있지만 그는 이 모델이 인과관계가 아닌 상관관계를 학습했을 가능성이 크다고 지적했다. 결과적으로 이 모델은 실제 판결의 사유나 법적 논리를 이해하지 못한 채, 피고인의 성씨나 지역 정보에 기반한 편향된 예측을 내놓을 위험을 안고 있었던 것이다.

황원석,

이와 관련하여, 최근 자연어 처리 분야에서는 논문을 작성할 때 연구의 사회적·윤리적 측면을 설명하는 섹션을 포함할 것을 권고하고 있다. 제출된 논문에 대해 리뷰어가 요청할 경우 윤리 문제와 관련된 전담 리뷰어의 별도 검토가 진행되기도 한다. 이는 기술이 사회에 미칠 수 있는 영향을 연구자가 스스로 되짚어보고, 최소한의 윤리적 성찰을 담아내기 위한 제도적 장치이다. 황원석은 이러한 섹션이 다소 형식적으로 보이더라도 반드시 포함되어야 한다고 강조했다.

인공지능으로 과학하기

인공지능 연구자를 인터뷰이로 삼기로 했을 때 내 안엔 의문이 하나 있었다. 인공지능도 과학일까? 자연현상을 관찰하고 실험하고 반복 가능한 법칙을 찾아가는 전통적인 과학의 이미지에 비하면 언어 모델을 설계하고 데이터를 학습시키며 알고리즘의 성능을 평가하는 과정은 어딘가 다르게 느껴졌기 때문이다.

이 물음은 결국 과학의 구획 문제와 닿아 있기 때문에 내가 몇 줄의 논증으로 단정 지을 수 있는 사안은 아닐 것이다. 인공지능 연구의 본질과 방법론에 대한 깊은 성찰을 요구하는 질문이기도 하다. 그래서 나는 이 문제에 대한 판단을 잠시 미뤄두고, '스탠퍼드 철학 백과사전'의 설명을 빌려 인공지능을 과학의 한 분야로 간주했다. 인공지능 연구는 논리적 추론, 지식 표현, 계획 수립 등 다양한 영역에서 과학적 방법론을 활용하여 인간의 지능을 모방하려는 시도로, 이는 실험과 모델링을 통해 이론을 검증하고 반복적으로 결과를 도출하는 전통적인 과학의 접근 방식과 유사하다는 것이 그 이유였다.

인공지능 연구가 과학이라면 황원석의 연구실은 그 과학을 실천하는 실험실일 것이다. 그의 연구실은 컴퓨터 한 대, 두 칸짜리 책장, 회의 테이블로 구성된 단출한 공간이었다. 평범해 보이는 곳에서 특정 도메인에 특화된 언어 모델을 개발하고 이를 통해 법률 문서나 규제 문서를 분석하는 연구를 진행하는 게 놀라웠다. 여기에서 그는 데이터를 수집하고, 모델을 학습시키며, 결과를 분석하고, 이를 바탕으로 새로운 가설을 세우는 과학을 하고 있는 것이다. 그의 과학 일상을 물었다.

> "저 역시 AI 연구가 과학이라고 생각하지만 전통적인 과학처럼 자연현상의 관찰에서 출발하기보다는, 산업 현장의 실용적 필요에서 동기를 얻는 경우가 많습니다. 예컨대 딥러닝 기반 자연어 처리 기술은 대규모 텍스트 데이터를 다루며 외국어 번역, 질의응답, 요약, 검색, 정보 추출 등의 수행을 자동화하고자 하는 수요에서 출발하죠. 저도 그런 산업적 니즈에서 문제를 발견하고 연구를 시작하는 편입니다. 그렇게 연구 주제를 정하면, 해당 과

제를 해결하기 위한 태스크를 디자인합니다. AI에 넣어줄 입력값, 그리고 기대되는 출력값을 명확히 하는 작업이라고도 할 수 있습니다. 이때 필요한 학습 데이터를 단순히 모으는 것이 아니라 어떻게 구성하고 구조화할지 '시스템'을 구상하는 과정이 중요하죠. 예를 들어 영수증에서 정보를 추출하고 싶다면 메뉴명이나 가격, 주소 등 어떤 개념을 뽑을지 정의하고, 이 개념들 간의 관계, 예를 들어 '메뉴 이름-수량-가격' 같은 연결 구조를 정리합니다. 저희는 이걸 '온톨로지(ontology)를 구축한다'라고 표현하죠. 이후에는 정해진 기준에 따라 데이터를 정제하고, 라벨링(labeling) 작업을 통해 학습 데이터를 준비합니다. 학습을 위한 것만이 아닌, 모델이 얼마나 잘 작동하고 일반화되는지를 평가할 수 있는 데이터도 따로 마련해요. 그리고 해당 과제를 해결하기 위한 딥러닝 아키텍처(Deep Learning Architectures, 인공신경망이 입력 데이터를 처리하고 학습하는 구조와 흐름)를 직접 설계하거나, 기존에 연구된 적절한 아키텍처를 선택하여 모델을 만듭니다. 실험을 반복하면서 데이터나 모델 구조를 점진적으로 조정하고 이렇게 다듬어진 결과물로 데모를 만들어 실제 서비스화로 이어질 수 있도록 후속 단계를 준비하게 됩니다."

분명 이러한 반복적 실험과 조정의 과정은 과학이 아닐 수 없다. 인공지능 연구 과정인 '실험-검증-재설계'의 순환은 전통적인 과학의 연구 과정, 즉 가설을 세우고 실험을 통해 검증하며 결과에 따라 이론을 수정해나가는 일련의 탐구 방식과 다름이 없었다. 이와 더불어 실제 서비스를 염두에 둔 최적화, 사용자 피드백 수집, 그리고 재학습까지 이어지는 이 흐름은 컴퓨터 속에 머무는 실험이 아니라 세상과의 끊임없는 상호작용으로 보였다. 그것은 실험실에서 도출된 이론이 현실 세계에 적용되고 그 적용 결과가 다시 과학적 질문으로 되돌아오는 과학의 순환적 구조와 닮아 있었다.

과학자의 동기는 어떨까. 과학자의 세계에서는 흔히 연구의 출발점이 개인적인 호기심인 경우가 많다. 그렇다면 인공지능 연구도? 데이터와 시스템, 과업 중심의 실용적 흐름이 강한 이 분야에서도, 순전히 사적이고 개인적인 궁금증이 연구의 불씨가 될 수 있을까? 나는 조심스럽게 물었다. 인공지능 연구 역시 그런 출발점을 가질 수 있느냐고.

황원석은 고개를 끄덕이며 물론 개인적인 호기심에서 출발할 수 있다고 했다. 다만 실용성과 연결되지 않으면 학계나 연구자들의 주목을 받기 어려운 경우가 많다고 덧붙였다. 실제로 연구는 흥미만으로 오래 지속되기 어렵다는 것이었다. 이 일에서 산업적 수요와의 접점을 찾는 일은 꽤 중요해 보였다.

그럼에도 그는 인공지능 연구에서 느낄 수 있는 개인적인 즐거움을 분명하게 언급했다. 황원석이 말한 인공지능 연구의 즐거움은 기술적 성과를 넘어서 있었다. 첫 번째는 실패로부터 출발하는 창의적 과정이다. 예를 들어, 자신이 설계한 인공신경망이 기대한 성능을 내지 못했을 때 그는 실망에 머무르지 않는다. 오히려 그 원인을 분석하고, 모델의 구조를 다시 설계하거나 필요한 데이터를 보완해가며 실험을 반복한다. 그렇게 마침내 신경망이 제대로 작동했을 때, 그는 자신이 만든 시스템이 의미 있는 방식으로 응답하는 것을 눈으로 확인하며 깊은 만족을 느낀다. 단지 정답을 맞히는 성과의 문제가 아니라 이해와 분석을 통해 답을 찾아가는 과정 자체가 과학자에게 성취감을 가져다주는 순간인 것이다.

"여기는 순수한 창조의 기쁨이 존재하는 영역이에요. 물론 자연과학에서도 요즘은 합성생물학처럼 뭔가를 직접 만들기도 하지만, AI나 엔지니어링 분야는 처음부터 내가 만든 모델이 세상에서 작동하는 걸 바로 확인할 수 있거든요. 예를 들어, 내가 만든 챗봇이 자연스럽게 답변을 하거나, 로봇이 내가 설계한 알고리즘대로 움직이는 걸 보면 정말 신기하죠. 물론 물리학처럼 새로운 자연법칙을 발견해서 그걸로 우주를 설명하는 세계를 만들 수 있는 건 아니지만 이쪽은 내가 만든 시스템 안에 법칙을 부여하고, 그게 실제로 작동하는 인공 세계를 구현할 수 있어요. 로보틱스 쪽에서는 지능을 가진 생명체처럼 반응하게 만들 수도 있고요. 그런 점이 좀 다른 것 같아요. 내가 만든 인공지능이 어떤 방식으로든 활동하는 모습을 보는 것은 이 분야만의 즐거움 아닐까요."

또 다른 즐거움은 전혀 다른 개념들이 하나로 연결될 때이다. 황원석은 전기장과 자기장이 사실은 하나의 큰 틀 안에서 설명될 수 있다는 물리학의 사례를 들며, 그렇게 흩어져 있던 퍼즐 조각들이 맞춰지는 순간이 있다고 했다. 자연어 처리 분야에도 존재하는 다양한 접근 방식들을 더 높은 수준에서 하나의 개념으로 묶어낼 수 있을 때, 그는 마치 새로운 길이 열리는 듯한 통찰의 쾌감을 느끼는 듯했다. 예컨대 전혀 다른 방식으로 작동하는 듯한 클러스터링 알고리즘들이 알고 보면 동일한 이론적 기반 위에 있다는 사실을 인식하는 순간. 각각의 방법들이 단지 겉모습만 다를 뿐, 깊은 곳에서는 같은 원리로 연결되어 있다는 사실을 발견하는 일이 그에게는 큰 지적 즐거움인 것이다.

인공지능 과학자가 되는 길

연구실 창밖으로 삼삼오오 지나가는 대학생들이 눈에 들어왔다. 누군가는 커피를 들고, 누군가는 이어폰을 낀 채 웃고 떠들며 계단을 오른다. 그 찬란한 청춘의 걸음과 표정을 보다가 문득 걱정 아닌 걱정이 스쳤다. 세상이 이토록 빠르게 변하는데, 이들은 무엇을 배워야 할까? 코딩을 익히면 충분할까? 아니면 창의력? 비판적 사고력? 인공지능이 날로 똑똑해지는 시대에 이들에게 진짜 필요한 능력은 과연 무엇일지 궁금했다.

이런 질문은 단지 교과과정의 변화만을 뜻하지는 않을

것이다. 학습이란, 생각하는 능력이란 어떤 것에 대한 더 본질적인 물음을 품고 있다. 그리고 그 답은 어쩌면 지금 인공지능을 연구하는 사람들의 학창 시절에서 실마리를 얻을 수 있지 않을까.

"다른 과목보다 성적이 잘 나오는 과목이 있잖아요. 저에게는 그게 수학과 물리였어요. 물리학과에 진학하겠다고 결심한 건 고등학교 2학년 때였습니다. 당시 물리 선생님의 영향을 알게 모르게 많이 받았던 것 같아요. 훌륭하셨거든요. 그때 저는 상대성이론을 좋아했습니다. 시간과 공간이 하나로 섞여 있다는 개념이 참 매력적으로 느껴졌어요. 물리 교과서에서는 그 부분을 깊이 있게 다루지 않지만 시간과 공간은 어떤 면에서 가장 고차원적인 추상 개념이라고 할 수 있잖아요. 그런 개념 자체를 고민해볼 수 있다는 것이 좋았고, 직관과는 어긋나는 이론들이 얽혀 있는 점도 흥미롭게 다가왔습니다. 그 마음으로 결국 물리학과에 진학하게 되었죠."

대학 시절, 황원석은 자신이 결코 성적이 뛰어난 학생은 아니었다고 회상했다. 하지만 그는 숫자나 공식보다, 물리학 교과서에 담긴 시간과 공간, 에너지와 같은 굵직한 개념들에 천착하는 데서 더 큰 즐거움을 느꼈다. 양자역학이 보여준 세계의 놀라움, 일반상대론이 열어준 시공간의 지평은 지금도 그의 기억에 또렷이 남아 있다. 또 이런 형이상학적인 개념들이 점차 정교한 수식의 계산 문제로 환원되는 과정을 지켜보며 그는 한동안 입자물리학에 매혹되기도 했다.

그러다 그의 관심은 물리학 내에서 점차 다른 질문들로 확장되었다. 생물물리학을 접하면서는 자연 속에서 일어나는 복잡한 현상들을 통계적, 정보 이론적 관점에서 바라보는 일에 흥미가 생겼고, 이에 통계물리학과 정보 이론으로 연구 범위를 넓힌 것이다. 당시에는 그것이 어떤 전환이었는지 명확히 인식하지 못했지만 지금 돌아보니 그는 이미 물리학이라는 언어를 통해 인공지능 연구에 다가가고 있었던 셈이다.

황원석이 인공지능 분야로 발을 들이게 된 본격적인 여정은 실험 중심의 생물물리학에서 시작해 점차 계산적 탐구로 관심을 넓혀가던 시기의 연장선이라고 하겠다. 박사후연구과정 중 그는 생명 시스템의 복잡한 거동을 설명하기 위해 비평형 통계물리학을 적용해 모델링을 시도했고, 실험 데이터를 분석하기 위해 기계학습 도구를 사용하면서 자연스럽게 '데이터 기반 분석'의 세계로 들어섰다. 이때부터 그는 물리학이라는 언어로 세상을 해석하는 것 못지않게 패턴을 찾고 모델을 훈련하는 기술적 방법론에 흥미를 느꼈다.

그렇게 학계에서 역량을 키워가던 황원석에게 학위를 마칠 때쯤 새로운 갈림길이 나타났다. 하나는 하버드메디컬스쿨에서 박사후연구원으로 기존 연구를 이어가는 길이었고, 다른 하나는 네이버 클로바 부서로 입사해 산업 현장에서 인공지능 연구를 시작하는 길이었다. 이처럼 진로의 방향을 결정해야 하는 순간은 대부분의 대학원생에게 낯설고도 중요한 선택지로 다가온다. 이때 어떤 기준으로 삶의 무게를 한쪽에 걸 것인가는 오롯이 각자의 가치관과 지향에 달려 있다.

2018년 황원석의 머릿속은 과학자로서의 정체성과 새로운 분야에 대한 탐구욕, 그리고 가족과의 삶이라는 현실적인 요소들이 복잡하게 얽혀 있었다. 때마침 한 아이의 아버지가 된 황원석은 가족과 함께 안정적으로 머물 수 있는 선택지를 택하게 된다. 돌아보면 이 결정은 단지 방향의 전환만은 아니었다. 연구의 무대가 실험실에서 현장으로 옮겨가면서 그가 다루는 문제와 사고방식에도 변화가 찾아왔다. 기존에는 생물물리 데이터를 해석하고 모델링하는 데 집중했다면 이제는 보다 구조화된 시스템 안에서 실용적 문제를 해결해 나가는 일이 중심이 된 것이다.

회사에 입사한 황원석은 자연어 처리라는 새로운 영역에 본격적으로 발을 들였다. 시계열 데이터를 다루던 이전과 달리 언어는 더 복잡하고 풍부한 정보를 담고 있었고, 그는 딥러닝 기반의 기술을 바탕으로 의미를 분석하고 구조화하는 연구에 몰두했다. 처음엔 시행착오도 많았지만, 꾸준히 실험을 반복하며 성과를 만들어냈고 그 과정에서 물리학에서 품었던 '정보란 무엇인가'라는 질문이 다시 기술적 현실과 만나는 순간들을 경험했다. 그렇게 그의 여정은 인공지능 연구의 최전선으로 나아갔다.

끈기와 가능성

인터뷰를 마칠 무렵 머릿속에 남은 질문들을 떠올렸다. 그의 연구실 홈페이지에는 AI 연구에 필요한 자질로 '끈기'를 꼽은 대목이 있었다. 기술과 윤리, 창의성과 책임감 등 수많은 가치 가운데 왜 하필 끈기였을까. 그는 어떤 끈기를 말한 걸까.

"좀 포괄적인 이야기일 수는 있는데요, 어쨌든 저도 석사 시절부터 연구를 시작했다고 보면, 2007년 9월부터 연구자의 길을 걸어온 셈입니다. 거의 20년 가까이 연구를 해오면서 느낀 게 하나 있어요. 물론 똑똑함이 매우 중요하기는 합니다만, 연구를 하다 보면 반드시 지루한 단계, 하기 싫은 일, 계속 막히는 상황이 찾아오게 마련입니다. 그럴 때 포기해버리면 두 가지가 따라오지 않아요. 첫째는 성장이 없고, 둘째는 성과, 즉 논문이 나오지 않습니다. 막혔을 때나 하기 싫은 일이 생겼을 때 그걸 넘어서는 힘, 그걸 꾸준히 밀고 나갈 수 있는 힘이 없으면 성취는 어렵습니다. 물론 정말 길이 보이지 않을 때, 깨끗이 포기하는 용기도 굉장히 중요하다고 생각합니다. 그런데 그 지점에 다다르기 전에 성급히 포기해버리면 결국 다른 분야와 마찬가지로 아마추어에 머무르게 돼요. 그냥 재미로 하는 수준에 그치는 거죠. 공부란 걸 하다 보면, 물론 사람마다 다르겠지만, 어떤 깨달음을 얻었을 때 비로소 즐거움을 느끼는 것 같아요. 그런데 그 깨달음에 도달하기까지의 과정은 처음부터 즐거운 건 아닌 것 같습니다. 저는 그런 부분을 넘어갈 수 있는 힘, 바로 그 끈기를 중요하게 생각해서 홈페이지에 적어두었습니다. 그게 없으면 결과가 나오지 않기 때문에 프로가 되지 못하거든요."

이 대답을 듣는 순간 황원석의 과학하는 마음을 찾은 것 같았다. 과학은 탁월한 아이디어나 순간적인 영감만으로 이루어지는 일이 아니다. 오히려 막힘과 반복, 지루함과 회의감을 견디는 힘, 곧 끈기를 다스리는 일이다. 황원석이 체득한 사실이었다. 과학은 오랜 시간 같은 문제를 붙잡고 씨름하는 사람에게만 그 문을 조금씩 열어준다. 깨달음은 그 끝에 찾아오는 보상이며 진짜 과학자는 그 길을 포기하지 않은 사람이다.

황원석이 높은 연봉을 뒤로하고 학교로 돌아온 이유는 여러 가지가 있었겠지만, 그중에서도 이런 과학의 본질에 가까이 머무르고자 하는 마음이 컸던 것은 아닐까. 그는 회사를 떠나 학교를 택한 이유를 '본능적인 선택'이라 표현했지만 그 안에는 분명한 의도가 있었다. 회사와 달리 학교는 다소 불완전하고 불확실하더라도 자신이 탐구하고 싶은 질문을 붙잡을 수 있는 공간이다. 시간이 지날수록 연구보다 관리가 중심이 되어가는 회사의 구조 속에서 그는 여전히 실험실 책상 앞에서 끈기 있게 연구하고 또 함께 성장하는 학생들을 마주하고 싶었나 보다.

"물론 수업을 하다 보면 답답할 때도 있어요. 학생들은 어떤 의미에서 초보자들이기 때문에 기업에서 전문가들과 일할 때보다 논리적인 실수가 훨씬 많죠. 그런데 그럼에도 불구하고, 어떻게 들릴지 모르겠지만, 학생들은 정말 아름다워요. 아름답다고 느끼는 이유는 그들이 지금 어떤 위치에 있든지 간에 '가능성'을 품고 있기 때문입니다. 그 가능성에 조금이라도 힘을 보태 그들을 도울 수 있다는 것이 저에게는 꽤 의미 있는 일이에요. 제가 성인군자라서 남을 돕는 게 아닙니다. 그런 과정을 통해 저도 좋은 일을 하고 있다는 느낌을 받을 수 있기 때문이죠. 누군가에게 긍정적인 영향을 줄 수 있다는 점이 보람으로 다가옵니다. 물론 학생들이 어떻게 생각할지는 모르겠지만요."

학생들의 가능성을 믿는 황원석의 마음에도 끈기의 흔적이 겹친 듯 보였다. 비록 아직은 미숙하고 실수투성이일지라도 포기하지 않고 자신만의 속도로 나아가는 학생들에게서 과거의 자신을 떠올리는 것일까? 그가 학생들을 아름답다고 말한 이유는 아마 그 가능성 자체 때문이라기보다는 그 가능성이 끈기라는 시간의 축 위에서 실현될 수 있다고 믿기 때문일 것이다.

이야기가 나온 김에 인공지능 연구를 하고 싶은 학생들에게 도움이 될 만한 팁이 있을지 물었다. 그는 몇 가지 현실적인 조언을 건넸다. 먼저 대학생이라면 단순한 구현이나 응용 수준에 머무르지 말고 그 아래를 떠받치는 이론적 기반을 차근차근 쌓아야 한다고 강조했다. 기계학습의 수학적 원리,

알고리즘을 이해하고 구현할 수 있는 능력, 그리고 자신이 인공지능을 적용하고자 하는 분야에 대한 전문성. 이 세 가지가 AI 연구의 기둥이 된다는 것이다. 공개된 모델을 가져다 쓰는 것은 누구나 할 수 있지만 그것을 깊이 이해하고 새로운 방향으로 발전시키는 데에는 튼튼한 기초가 필요하다고 그는 말했다. 차별화된 연구란 단순히 빠르게 만드는 사람이 아니라 깊이 파고드는 사람의 손끝에서 나오는 법이다.

중고등학생들에게는 무엇보다 흥미를 기반으로 한 놀이 같은 '작은 실험'이 중요하다고 했다. 챗봇을 만들어보거나 좋아하는 게임을 AI로 풀어보는 시도처럼, 가볍지만 손에 잡히는 경험을 통해 AI와 친해지는 것이 좋다는 얘기다. 중고등학생 시기에 중요한 건 빠르게 결과를 내는 것이 아니라 그 결과가 왜 나왔는지를 들여다보려는 호기심이다. 그는 "어릴수록 잉여력이 폭발할 수 있는 시기"라고 웃으며 말하면서, 바로 그 시기에 다양한 시도를 해보는 것이 앞으로 어떤 연구를 하든 가장 든든한 밑거름이 될 거라고 덧붙였다.

인터뷰가 끝나고 그는 조용히 카메라 앞에 섰지만, 나는 여건상 다 하지 못한 대화를 머릿속에서 이어가고 있었다. 그는 언뜻 인공지능이 생명체처럼 느껴질 때가 있다고 말했다. 실험실에서 키우던 대장균보다 인공신경망이 오히려 더 지능적인 반응을 보이고 시간이 지나도 무언가를 남긴다는 점에서 일종의 생명성 조건을 충족하는 존재처럼 다가올 때가 있다는 것. 물론 그것을 생명체로 인식하지는 않지만, 그의 이 말은 우리가 무엇을 '생명'이라 부를 수 있는가에 대한 오래된 물음의 또 다른 형태처럼 들렸다.

생명처럼 간주할 수 있는 기술이기에, 그것을 다루는 태도 역시 도구적 관점에 머물러서는 안 된다는 자각이 그에게는 자연스러워 보였다. 그는 인공지능이 과학의 난제를 해결해줄 동반자가 될 수 있다는 희망과, 동시에 그 기술이 감시와 통제의 메커니즘이 될 수 있다는 우려를 함께 품고 있었다. 그래서 미래를 향한 그의 전망은 낙관도 비관도 아닌, 기술의 방향보다 그 기술을 품는 사회의 태도를 더 깊이 주목하는 '우려 섞인 기대'였다. 생명을 닮은 존재를 만들어낸 우리가 그 존재와 어떤 관계 맺을 수 있을지를 묻는 일이야말로 지금 우리가 직면한 가장 인간적인 질문일지도 모른다.

내게 다 말하지 않은 미래의 그림들이 분명 황원석의 머릿속 어디엔가 자리하고 있으리라는 느낌이 들었다. 인터뷰 내내 그는 말을 아끼며 조심스럽게 단어를 고르고, "이건 제 짧은 생각일 뿐입니다"라고 덧붙였지만, 그 너머에선 여전히 누구도 명확히 풀지 못한 질문들을 붙들고 있는 연구자의 태도가 느껴졌다. 문득 나는 앞으로 어떤 세상에서 살게 될지 궁금해졌다. 그리고 그 세계를 그려갈 사람 중 한 명이 황원석이라는 사실에 어쩐지 조금 안심이 되었다.

과학하는 마음

1판 1쇄	2025년 9월 29일

지은이	임지한
펴낸이	김태형
펴낸곳	제철소
등록	제2014-000058호
전화	070-7717-1924
팩스	0303-3444-3469
제작	세걸음

이메일	right_season@naver.com
인스타그램	@from.rightseason

© 임지한, 2025

ISBN 979-11-88343-87-4 03400

책값은 뒤표지에 있습니다. 잘못 만든 책은 서점에서 바꾸어 드립니다.
이 책은 저작권법에 따라 보호받는 저작물이므로 무단전재와 무단복제를 금합니다.